工业和信息化普通高等教育"十二五"规划教材

21世纪高等学校计算机规划教材
21st Century University Planned Textbooks of Computer Science

程序设计基础实验及学习指导

Guide of Experiment and Study for Fundamentals of Programming

高伟 主编

丛晓红 副主编

李江华 主审

高校系列

人民邮电出版社

北京

图书在版编目（CIP）数据

程序设计基础实验及学习指导 / 高伟主编. -- 北京
: 人民邮电出版社，2012.3（2014.12 重印）
21世纪高等学校计算机规划教材
ISBN 978-7-115-27373-4

Ⅰ. ①程… Ⅱ. ①高… Ⅲ. ①程序设计－高等学校－
教学参考资料 Ⅳ. ①TP311.1

中国版本图书馆CIP数据核字(2011)第282216号

内 容 提 要

本书为程序设计基础课程的配套辅助教材，用于实验和自学环节，可以在学生学习 C 语言编写程序的同时，做到即学即练，即练即用，从而达到举一反三、触类旁通、深刻理解程序设计理念的目的。

本书包括 4 章：实验指导、同步习题与习题解析、常用编程算法和模拟试题。全书采用 Turbo C 3.0 作为编译器。

本书注重让学生从练中学，通过安排"基础"、"设计"和"自主研发" 3 个层次的实验，逐步提升学生的能力，用"指导"的形式思维指点方向。

本书适合作为高等学校非计算机专业学生学习程序设计基础课程的辅助教材，也可作为全国计算机等级考试的参考书。

工业和信息化普通高等教育"十二五"规划教材立项项目

21 世纪高等学校计算机规划教材

程序设计基础实验及学习指导

◆ 主　　编　高　伟
　　副 主 编　丛晓红
　　主　　审　李江华
　　责任编辑　武恩玉

◆ 人民邮电出版社出版发行　　北京市丰台区成寿寺路 11 号
　　邮编　100164　　电子邮件　315@ptpress.com.cn
　　网址　http://www.ptpress.com.cn
　　北京天宇星印刷厂印刷

◆ 开本：787×1092　1/16
　　印张：13.5　　　　　　　　　2012 年 3 月第 1 版
　　字数：356 千字　　　　　　　2014 年 12 月北京第 4 次印刷

ISBN 978-7-115-27373-4

定价：27.00 元

读者服务热线：(010) 81055256　印装质量热线：(010) 81055316
反盗版热线：(010) 81055315

前　言

　　程序设计基础是教育部高等学校计算机基础课程教学指导委员会制定的《高等学校计算机基础核心课程教学实施方案》中的核心课程，其教学目标定位于"通过介绍一种具体的程序设计语言及其程序设计方法，使学生了解程序设计语言的基本结构，理解计算机学科求解实际问题的基本过程，掌握程序设计的基本过程，掌握程序设计的基本思想、方法和技巧，养成良好的程序设计风格，培养利用计算机求解问题的基本能力"。我们本着上述指导思想，编写了本书。

　　本书包含 4 章。第 1 章为实验指导，讲解编程环境和实验方法，通过 9 个实验，使学生理解所学知识及编程方法。第 2 章为配套习题，通过习题解析使学生分章节理解 C 语言及编程技术。第 3 章为常用编程算法，目的在于提高编程能力和掌握常用技巧，扩展视野。第 4 章为模拟试题，可使学生自行检验自己的学习效果，训练综合能力。

　　实验部分采用 Turbo C 3.0 作为编译器，因其采用 ANSI C 99 标准，且小巧灵活，操作简单易学，既能完成编程任务，又支持鼠标操作。

　　教材编写强调理论和实践相结合，学习和能力相结合，应用和创新相结合。在实验部分通过基础实验、设计实验和自主研发实验 3 个层次由浅入深地引领学生的学习思路。基础实验用来领会所学的理论知识；设计实验侧重理论知识的灵活运用；自主研发实验用于激发创新思维。为打破初学者思路的局限性，用"指导"的形式思维指点方向。这种写作模式符合在计算机基础课程中培养学生"计算思维"的先进教学理念。

　　本书由具有多年基础教学经验的一线教师编写，体现了教学团队的整体力量，力求把教学中的心得体会融入到教材之中，着重于让学生易于理解，提高学生的自主学习能力。本书由高伟任主编，丛晓红任副主编，李江华任主审，崔玉文、董宇欣、郭江鸿、宁慧、苏哲明、唐立群、魏传宝、吴良杰、徐丽、赵宝刚（按字母音序排列）共同编写。

　　本书在写作过程中得到了哈尔滨工程大学教学督导孙长嵩教授的鼎力支持，衷心感谢孙教授对本书提出的宝贵意见。在此也一并感谢其他支持本书写作的同事及所有对本书做出贡献的人。

编　者

2011 年 11 月

目 录

第1章
程序设计基础实验指导

说明：本章的每一节都包含 4 个部分——基础实验、设计实验、自主研发实验和实测演练。基础实验用以帮助对所学内容的理解；设计实验是在基础实验的基础上设计指定题目的程序；自主研发实验是在一定基础上自行拟定题目自主编程，也可以根据指导的内容编程；实测演练用来测试基础知识的掌握情况和分析问题能力、推理能力及综合能力。

1.1 熟悉 C 程序的运行环境及操作实验

一、实验目的

1. 了解在 PC 机上如何编辑、编译、链接和运行程序。
2. 学习 Turbo C++ 3.0（简称 TC）集成开发环境的使用。

二、基础实验

实验 1：使用一个小程序来练习在 TC 环境下编辑、编译、链接和运行程序。练习只有输出的程序。程序的功能是在屏幕上输出一行文字"This is a C program."并回车。

实验步骤：

第 1 步：打开 TC 编辑器，并将编辑器默认的源程序扩展名设置为.C。

双击桌面上的 TC 快捷方式图标，如图 1.1 所示。

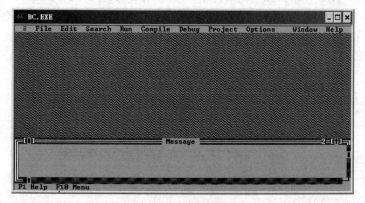

图 1.1 TC 程序窗口

执行"Options"菜单的"Environment"子菜单的"Editor..."命令，打开"Editor Options"（编辑器选项）设置对话框。在"Default Extension"（默认扩展名）文本框中输入"C"，单击"OK"按钮完成设置，如图1.2所示。

图1.2　配置源程序默认扩展名

第2步：编辑程序。

执行"File"菜单的"New"命令，新建一个名为"NONAME00.C"的源文件（注意：文件名在编辑窗口的中间），如图1.3所示。

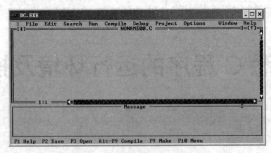

图1.3　新建源文件窗口

在编辑窗口中输入下述程序：

```
#include <stdio.h>                     /* 第1行 */
void main( )                           /* 第2行 */
{                                      /* 第3行 */
 printf("This is a C program.\n");     /* 第4行 */
}                                      /* 第5行 */
```

执行"File"菜单的"Save as..."命令，打开"Save File As"（另存为）对话框，在"Save File As"文本框中输入"L1"（因为在前面已将编辑器的默认源文件扩展名设置为".C"，所以此处可以只输入主文件名），单击"OK"按钮完成设置。这样做的目的是将当前文件名由默认名改为自定义的文件名，以备用户保留和识别，同时对文件进行了保存。此时的编辑窗口如图1.4所示。

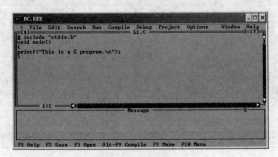

图1.4　编辑窗口

第 3 步：编译、链接程序。

执行"Compile"菜单的"Compile"命令进行编译。为了提高操作速度，执行此步操作时可用组合键"Alt+F9"。若无编译错误，则弹出编译成功对话框，如图 1.5 所示。看到编译成功提示后，按键盘上的任意一个按键，操作返回到编辑界面。

执行"Compile"菜单的"Link"命令进行链接。若无链接错误，则弹出链接成功对话框，如图 1.6 所示。看到链接成功提示后，按键盘上的任意一个按键，操作返回到编辑界面。

图 1.5　编译成功对话框

图 1.6　链接成功对话框

第 4 步：运行程序。

执行"Run"菜单的"Run"命令来运行程序。也可用组合键"Ctrl+F9"来完成此操作。此步操作完成后在屏幕上没有任何提示。

用"Windows"菜单的"User screen"命令来查看执行结果。也可用组合键"Alt+F5"来完成此操作。这时控制被切换到运行结果窗口，可见屏幕上出现了预期的一行文字。如图 1.7 所示。

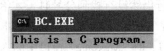

图 1.7　运行结果窗口

可按任意键返回到编辑窗口。至此该程序已调试成功。在编辑窗口执行"File"菜单的"Quit"命令可关闭 TC 程序。可用组合键"Alt+X"来完成此操作。

注意事项：

（1）每个程序的第一行必须是：# include <stdio.h>。

（2）main( )函数前必须加 void。

（3）所有引号及括号必须成对出现。

（4）语句的后面必须用分号。

（5）为主文件命名时最好做到"见名知意"。主文件名长度不能超过 8 个字符，且不能包含小数点和空格及非法字符：\, /, <, >, |。

（6）编译之前一定要先保存文件，以防止误操作而丢失信息。

（7）程序可被编译、链接和运行多次。一定要学会使用快捷键以提高操作速度。

（8）当程序编辑完成后没进行编译之前执行运行命令，系统会自动按照编译、链接、运行的顺序执行。因此当达到熟练编辑，且错误很少的程度时，建议直接使用运行命令"Ctrl+F9"来提高操作速度。

实验 2：在前例的基础上进行简单调试练习，进一步熟悉软件的使用。

前一个实验是在程序无编辑错误的前提下完成的，但实际情况并非如此。下面人为设置一些错误，请认真记录错误提示，以提高程序调试能力。参考图 1.4，删掉第 4 行的最后一个符号——分号，按"Ctrl+F9"，运行程序，弹出编译错误对话框，如图 1.8 所示。

按任意键关闭该窗口，在编辑窗口下方弹出"Message"窗口（信息窗口），如图 1.9 所示。

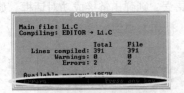

图 1.8　编译错误对话框

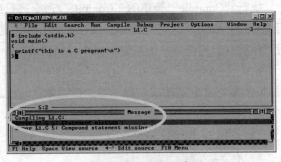

图 1.9　"Message"窗口

3 条编译信息的含义如下。

"Compiling L1.C："——正在编译源文件 L1.C。

"Error L1.C 5: Statement missing ;"——在源文件 L1.C 的第 5 行发现错误：语句缺分号。

"Error　L1.C　5: Compound statement missing)"——复合语句缺圆括号。

在调试程序的过程中经常有各种错误。在设计错误时，被删掉的是第 4 行语句后的分号，但系统给出的提示是：在第 5 行发现语句缺分号错误。出现这种现象是因为 C 支持程序自由书写风格，允许将一个语句写在多行上。当系统在第 4 行没有找到分号时，认为分号应该出现在第 5 行并继续向下扫描第 5 行。在第 5 行仍然没有找到分号时，才给出错误提示：第 5 行缺分号。

用鼠标点一下编辑窗口，或按"F6"键切换到编辑窗口，补上被删掉的分号。重新按"Ctrl+F9"运行程序。此时没有弹出其他窗口，但"Message"窗口中的内容发生了变化，表明该程序已通过了编译，链接并被执行了。可随时按"Alt+F5"查看运行结果。如图 1.10 所示。

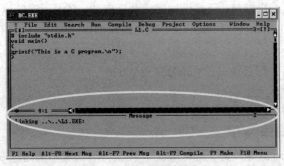

图 1.10　无编译及链接错误的状态

仿照上述操作方法，参考图 1.4，自行作几个验证性实验：

（1）将第 2 行的"main"改成"mian"。

（2）删掉第 4 行"printf"中的"f"。

（3）删掉第 5 行的花括号。

（4）删掉第 1 行的"#"号。

（5）删掉第 4 行中的圆括号"("。

（6）删掉第 4 行中的引号。

实验 3：练习有计算并输出的程序。设变量 a 的值为 3，变量 b 的值为 5，求和并送入变量 c，显示 c 的值。将 a 的值改为 100，b 的值改为 200，重新执行程序，观察运行结果。

新建一个源文件窗口，输入下面的程序：

```
# include <stdio.h>
void main( )
{ int a,b,c;                /* 定义 3 个整型变量 a，b，c */
  a=3;                      /* 给 a，b 赋值 */
  b=5;
  c=a+b;                    /* 求和 */
  printf("c=%d\n",c);       /* 输出结果 */
}
```

执行 "File" 菜单的 "Save as ..." 命令，将文件另存为 "L2.C"。按 "Ctrl+F9" 运行程序。按 "Alt+F5"，在运行结果窗口可看到 "c=8"，表示本次运行成功。

修改程序的第 4 行，把 "3" 改成 "100"。把第 5 行中的 "5" 改成 "200"。再次按 "Ctrl+F9" 运行程序。按 "Alt+F5"，在运行结果窗口可看到 "c=300"，表示本次运行成功。

实验 4：练习有输入、计算并输出的程序。设变量 a 的值为 3，变量 b 的值由键盘输入，求和并送入变量 c，显示 c 的值。

新建一个源文件窗口，输入下面的程序：

```
# include <stdio.h>
void main( )
{ int a,b,c;                /* 定义 3 个整型变量 a，b，c */
  a=3;                      /* 给 a 赋值 */
  scanf("%d",&b);           /* 通过键盘给 b 赋值 */
  c=a+b;                    /* 求和 */
  printf("c=%d\n",c);       /* 输出结果 */
}
```

执行 "File" 菜单的 "Save as ..." 命令，将文件另存为 "L3.C"。按 "Ctrl+F9" 运行程序。这时弹出运行窗口，并且屏幕上没有任何数据，这种状态表示等待输入 b 的值。输入 "5" 并回车。系统关闭运行窗口，返回到了编辑状态。按 "Alt+F5" 查看运行结果。第 1 行是输入的值，第 2 行是输出的值，如图 1.11 所示。

图 1.11　运行结果

如果想计算 3 和另外一个数的和，就可以再次执行程序，在运行时输入数据，而不必修改程序。

重要提示：

（1）用 "File" 菜单的 "Quit" 命令退出 TC。一般情况下，切勿通过单击 "关闭" 按钮的方法退出 TC，因为这种操作可能导致数据的丢失。

（2）注意光标表示的输入状态。光标为闪烁的短线时为 "插入" 状态，光标为闪烁的矩形时为 "改写" 状态。

（3）在操作时，可以利用快捷键加快操作速度。若某菜单命令有快捷键，则会显示在其右侧。常用的几个组合快捷键如下。

① Ctrl+F9：运行。

② Alt+F5：查看结果。

③ Alt+X：退出 TC。

④ Insert：切换插入/改写状态。

⑤ F1：获取帮助。

⑥ F6：在各窗口之间进行切换。

⑦ Alt+F3：关闭窗口。

⑧ Alt+数字：激活数字代表的窗口。

⑨ F8：单步执行程序。

⑩ Ctrl+F7：设置观察量。

⑪ ESC：返回上一菜单。

⑫ Ctrl+Break：运行时，中断死循环状态，返回到编辑状态。

（4）在编译时会有 3 类常见的错误：致命错误、一般错误、警告。致命错误很少，通常是内部编译出错。在发生错误时，立即停止，必须采取一些适当的措施并重新编译。一般错误指程序的语法错误、磁盘或内存存取错误或命令错误等。编译程序在每个阶段（预处理、语法分析、优化和代码生成）都尽可能多地发现源程序中的错误。警告并不阻止编译进行。它指出一些值得怀疑的情况，而这些情况本身又有可能合理地成为源程序的一部分。如果在源文件中使用了与机器有关的结构，编译也将产生警告信息。

有如下几个常见的编译信息。

① Statement missing ;：语句缺少 ";"。编译程序发现一些表达语句后面没有分号。

② undefined symbol xxxxxxxx：符号 xxxxxxxx 未定义。标识符无定义，可能是由于说明或引用处有拼写错误，也可能是由于标识说明错误引起。

③ unterminated string or character constant：未终结的串或字符常量。编译程序发现串或字符常量开始后没有终结。

④ User break：用户中断。在集成环境里进行编译或链接时用户按了 "Ctrl+Break" 键。

⑤ Misplaced else：else 位置错误。编译程序发现 else 语句缺少与之匹配的 if 语句。此类错误的产生，除了由于 else 多余外，还有可能是由于有多余的分号，漏写了大括号或前面的 if 语句出现语法错误。

⑥ Misplaced break：break 位置错误。编辑程序发现 break 语句在 switch 语句或循环结构外。

⑦ Expression syntax：表达式语法错误。当编译程序分析一表达式发现一些严重错误时，出现此类错误，通常是由于两个连续操作符、括号不匹配或缺少括号，前一语句漏掉了分号等引起的。

⑧ function call missing)：函数调用缺少 ")"。

⑨ default outside of switch：default 在 switch 外出现。编译程序发现 default 语句出现在 switch 语句之外，通常是由于括号不匹配造成的。

⑩ division by zero：除数为 0。源文件的常量表达式中，出现除数为 0 的情况。

⑪ do statement must have while ：do 语句中必须有 while 。源文件中包含一个无 while 关键字的 do 语句时，出现此类错误。

⑫ compound statement missing：复合语句漏掉了大括号 "}"。编译程序扫描到文件时，未发现结束大括号，通常是由于大括号不匹配造成的。

⑬ Illegal use of floating point：浮点运算非法。

⑭ Redeclaretion of 'xxxxxxxx'：'xxxxxxxx' 重定义。此标志符已经定义过。

⑮ Subscripting missing]：下标缺少 "]"。编译程序发现一个下标表达式右方括号，可能是由于漏掉或多写操作符或括号不匹配引起的。

⑯ Too few parameters in call：函数调用参数不够。对带有原形的函数调用时，参数个数不够。

⑰ Too many decimal points：十进制小数点太多。编译程度发现一个浮点常量中带有不止一个的十进制小数点。

三、设计实验

实验 5：仿照实验 1 编写程序，在屏幕上输出如下内容：

```
*****************************************
*       This is my first C Program!       *
*****************************************
```

实验 6：编写程序，在屏幕上输出如下内容：

```
*****************************************
* 100001, Bei Jing                       *
*                                        *
*       Tian An Men You Ju                *
*                                        *
*              HRBEU,150001 *
*****************************************
```

实验 7：编写程序，在屏幕上输出如下内容：

```
    88888888
  88        88
 8  @@ @@  8
 8          8
  88  00  88
    88888888
```

实验 8：仿照实验 3 编写程序，计算两个整数 200 和 30 的乘积。

实验 9：仿照实验 4 编写程序，从键盘输入一个整数，计算该数与 100 的差。

四、自主研发实验

指导 1：一般情况下程序由 3 个部分组成：输入部分、计算部分（或称为处理部分）和输出部分。根据实际问题的需要可以省略前两部分，但程序的输出部分是必不可少的。换句话说，最简单的程序由输出语句构成。用输出的字母或符号可以构成图形或一些说明文字。编写程序给自己设计一张名片或打印一个卡通图片。

指导 2：C 表达式改变了传统的计算规则，初学时很容易出错。推导表达式值时，首先做逻辑推理，然后再写一个小程序上机验证。例如，当 a=12 时，求表达式 a+=a−=a*=a 的值。

指导 3：通过输入语句增强了变量的表达能力，可以不修改程序而完成对多个量的计算。例如：从键盘给出圆半径的值计算周长和面积，给出角度计算对应的弧度。

五、实测演练

1. 填空题

（1）结构化程序设计的 3 种基本结构是_____、_____和_____。

（2）C 语句的结束符是_____。

（3）C 的程序有且仅有一个_____函数。

（4）C 函数的 3 个组成部分是_____、_____和_____，其中_____是必不可少的。

（5）将数学式 $\dfrac{1+\dfrac{1}{a}b}{2c}$ 写成 C 的表达式。

2. 选择题

（1）下列标识符中，合法的用户标识符是_____。

　　A. 1a2b3c　　　　　B. _123　　　　　C. a?1　　　　　　　　D. int

（2）如果下列变量都是整型的，且 sub=pad=5，pAd=sum++，pAd++，++pAd，则语句 printf("%d",pad);的输出结果是_____。

　　A. 5　　　　　　　B. 6　　　　　　　C. 7　　　　　　　D. 8

（3）以下表达式的值是 3 的是_____。

　　A. 16-13%10　　B. 2+3/2　　　　　C. 14/3-2　　　　　D. (2+6)/(12-9)

3. 改错题（改正注释所在行的错误）

```
#include <stdio.>          /**** Found ****/
void mian()                /**** Found ****/
{ Int a,b;                 /**** Found ****/
  scanf("%d",a);           /**** Found ****/
  scanf("d%",&b);          /**** Found ****/
  a+=b                     /**** Found ****/
  printf("a=%d,a);         /**** Found ****/
}
```

参考答案

1. 填空题

（1）顺序结构，选择结构，循环结构　　　（2）;　　　　　（3）main( )

（4）输入部分，计算部分（执行部分），输出部分；输出部分　　（5）(1+1/a*b)/(2*c)

2. 选择题

（1）B　　　　（2）A　　　　（3）B

3. 改错题

```
#include <stdio.h>      /* 头文件的扩展名为.h */
void main( )            /* 主函数名为 main( ) */
{ int a,b;              /* 大小写是不同的字母 */
  scanf("%d",&a);       /* 输入变量值时，必须用变量地址 */
  scanf("%d",&b);       /* 格式控制符由%开头 */
  a+=b;                 /* 语句必须用;结束 */
  printf("a=%d",a);     /* "必须成对出现 */
}
```

六、设计实验参考程序

实验 5：

```
#include <stdio.h>
void main( )
```

```
{ printf("*********************************\n");
  printf("*    This is my first C program!    *\n");
  printf("*********************************\n");
}
```

实验6：

```
#include <stdio.h>
void main( )
{ printf("*********************************\n");
  printf("* 100001, Bei Jing              *\n");
  printf("*                               *\n");
  printf("*        Tian An Men You Ju      *\n");
  printf("*                               *\n");
  printf("*               HRBEU,150001 *\n");
  printf("*********************************\n");
}
```

实验7：

```
#include <stdio.h>
void main( )
{ printf("  88888888\n");
  printf(" 88      88\n");
  printf("8  @@ @@  8\n");
  printf("8          8\n");
  printf(" 88  00  88\n");
  printf("  88888888\n");
}
```

实验8：

```
#include <stdio.h>
void main( )
{ int a,b,c;
  a=200;b=30;
  c=a*b;
  printf("c=%d\n",c);
}
```

实验9：

```
#include <stdio.h>
void main( )
{ int a,b,c;
  a=100;
  scanf("%d",&b);
  c=b-a;
  printf("c=%d\n",c);
}
```

1.2　顺序结构程序设计实验

一、实验目的

1. 了解 C 语言数据类型，熟悉如何定义整型、字符型、实型变量以及对它们进行赋值的方法。

2．熟悉算术运算符、自加自减运算符和算术表达式的使用；熟悉赋值运算符、赋值表达式的使用。

3．掌握调试程序的基本方法。

4．掌握基本输入输出方法，正确使用格式符。

5．熟悉并使用 scanf、printf 函数进行输入输出。

6．了解文件包含的初步概念，学会使用标准函数。

二、基础实验

实验 1：给变量赋初值，进行整型与实型数据的混合运算，运行程序，并分析结果。

新建一个源文件窗口，输入下面的程序：

```
#include <stdio.h>
void main( )
{ int a,b;                                    /* 定义各变量 */
  char x,y;
  float num,u;
  a=b=100;                                    /* 给各变量赋值 */
  x=y='A';
  num=u=3.6792;
  a=y;                                        /* 进行混合运算 */
  x=b;
  num=b;
  a=a+u;
  printf("a=%d,x=%c,num=%f,a=%d",a,x,num,a);  /* 输出执行结果 */
}
```

执行"File"菜单的"Save as..."命令，将文件另存为"L4.C"。按"Ctrl+F9"运行程序。这时弹出结果为"a=68，x=d，num=100.000000，a=68"。请先分析程序，推导出输出结果。

程序说明：第 3 行定义 2 个整型变量 a，b。第 4 行定义 2 个字符型变量 x，y。第 5 行定义 2 个实型变量 num，u。第 6 行为整型变量赋整型常量 100。第 7 行为字符型变量赋字符常量'A'。第 8 行为实型变量赋实型常量 3.6792。第 9 行用字符型变量 y 为整型变量 a 赋值，此时系统进行数据类型转换，将 1 个字节的字符'A'的 ASCⅡ值转换成 2 个字节的整数 65，然后赋值给变量 a。第 10 行用整型变量 b 为字符型变量 x 赋值,此时系统进行数据类型转换，将 2 个字节的整型常数 100 的低字节的值 100 作为 ASCⅡ值（对应字母'd'）赋值给变量 x。第 11 行用整型变量 b 为实型变量 num 赋值，此时系统进行数据类型转换，将 2 个字节的整型常数 100 转换成实型常量 100.0，然后赋值给变量 num。第 12 行用表达式 a+u 的值为整型变量 a 赋值，系统先计算 65+3.6792，结果为 68.6792，再转换成整型 68 赋给整型变量 a。

修改程序的倒数第 2 行为：printf("a=%c,x=%d,num=%d,a=%f",a,x,num,a);。执行"File"菜单的"Save as..."命令，将文件另存为"L4-1.C"。按"Ctrl+F9"运行程序。这时弹出结果为"a=D，x=100，num=0，a=0.000000"。请先分析程序，推导出输出结果，再将推导结果与实际运行结果作对比，对推导过程进行验证，并与前次运行结果做对比。

程序说明：修改程序后各变量的值没有变，改变的仅仅是数据的输出格式。由于字符型量在存储时，存储的是整数形式的 ASCⅡ值，所以 C 规定整型与字符型是通用的。因此将值为 68 的整型变量 a 以 C 格式输出时，输出的是 ASCⅡ值 68 对应的字符'D'；将值为'd'的字符型变量 x 以 d

格式输出时，输出的是字符'd'对应的 ASCⅡ值 100。C 没有规定整型数据与实型数据输出时的转换关系，所以将 4 个字节的实型量 num 作为 2 个字节的整型量输出时或者将 2 个字节的整型量 a 作为 4 个字节的实型量输出时，系统给出的数据都是不准确的。

由于上述原因，在写输出语句时一定要准确使用输出格式。

实验 2：设 a 的值为 12，编程计算 3 个复合赋值表达式 a+=a，a/=a+a，a+=a-=a*=a 的值。

参考程序如下：

```
#include <stdio.h>                 //第1行
void main( )                       //第2行
{ int a=12,a1,a2,a3;               //第3行
  a1=(a+=a);                       //第4行
  a=12;                            //第5行
  a2=(a/=a+a);                     //第6行
  a=12;                            //第7行
  a3=(a+=a-=a*=a);                 //第8行
  printf("%d %d %d ",a1,a2,a3);    //第9行
}
```

运行程序，分析运行结果。请回答下面问题：

（1）执行完第 4 行后，变量 a 的值是多少？

（2）执行完第 6 行后，变量 a 的值是多少？

（3）执行完第 8 行后，变量 a 的值是多少？

（4）第 5 行和第 7 行的语句（a=12;）作用是什么？

（5）删除第 5 行和第 7 行的语句，运行结果又如何？

实验 3：理解自加自减运算。

参考程序如下：

```
#include <stdio.h>
void main( )
{ int i,j,m,n;
  i=8;j=10;
  m=i++;n=j++;
  printf("%d,%d,%d,%d",i,j,m,n);
}
```

运行程序，分析运行结果。请回答下面问题：

（1）将第 5 行的"j++"改为"++j"对运行结果是否有影响？新的运行结果是什么？

（2）将第 5 行改为"m=i;n=j;i++;j++;"后运行。分析运行结果与初次结果的异同。

（3）将第 5 行改为"i++;j++;m=i;n=j;"后运行。分析运行结果与初次结果的异同。

（4）将第 5 行改为"m=i;n=j;++i;++j;"后运行。分析运行结果与初次结果的异同。

（5）再提 2 种方案对第 5 行作修改，使其与初始程序等价。

（6）对自加自减运算进行归纳和总结。

实验 4：理解"整型与字符型通用"这句话的含义。

参考程序如下：

```
#include <stdio.h>
void main( )
```

```
{ int c1,c2;
  char i1,i2;
  c1=65;
  c2=97;
  i1='A';
  i2='a';
  printf("%c %c\n",c1,c2);
  printf("%d %d\n",i1,i2);
}
```

请分析运行结果，并实际运行程序进行验证。

实验 5：理解 printf 函数的使用。程序的功能是输入一个十进制数，输出该数和对应的十六进制数和八进制数。运行时输入 32767。

参考程序如下：

```
#include <stdio.h>
void main( )
{ int a;
  printf("Please Input a Integer: ");
  scanf("%d",&a);
  printf("shi jin zhi %d de shi liu jin zhi shi %x,ba jin zhi shi %o\n",a,a,a);
}
```

注意事项：

（1）程序执行到第 4 行时，在显示器上输出字符串"Please Input a Integer:"，作用是提示用户下面的操作是要从键盘输入数据。可以用这种方法提示用户当前应该进行什么操作。应习惯于采用这种编程风格。

（2）注意第 5 行语句中变量 a 之前的取地址运算符"&"一定不要漏掉，因为 scanf 函数要求传送变量的地址。

（3）由于 TC 不支持汉字，所以第 6 行是用汉语拼音做的提示，请仔细阅读。

（4）手工计算 32767 的十六进制数和八进制数，并与运行结果作对比。

实验 6：练习使用数学函数。已知表示双精度数的变量 pi=3.14159265，编写求 pi 的平方根、-pi 的绝对值和 pi 的正弦函数值的程序。

提示：

（1）使用数学函数时，要包含头文件 math.h。

（2）平方根函数为 sqrt，绝对值函数为 fabs，正弦函数为 sin。

参考程序如下：

```
#include <stdio.h>
#include <math.h>
void main( )
{ double pi=3.1415926;
  printf("ping fang gen =%f\n",sqrt(pi));          /* 用%f 格式输出双精度数 */
  printf("-pi de jue dui zhi =%f\n",fabs(-pi));
  printf("zheng xian zhi =%f\n",sin(pi));
}
```

实验 7：运行下述程序，分析带符号整数与无符号整数的关系。

```
#include <stdio.h>
void main( )
{ int a=100;
```

```
    unsigned c;
    int d=-1,b=-3;
    c=d+b;
    a=b;
    printf("%d %u\n",a,c);
}
```

注意：C 语言中带符号整数用补码表示，无符号整数直接用二进制数表示。

实验 8：运行下述程序，理解 scanf 函数是如何接收输入数据的。

```
#include <stdio.h>
void main( )
{ int a,b; float x,y;
  printf("shu ru 2 ge zheng shu :");
  scanf("a=%db=%d\n",&a,&b);
  printf("shu ru 2 ge shi shu :");
  scanf("%f,%f\n",&x,&y);
  printf("a=%db=%d\n",a,b);
  printf("x=%fy=%f\n",x,y);
}
```

注意：

（1）数据是在对源程序编译、链接后，运行时从键盘输入的，而不是在编辑源程序时输入的。

（2）注意输入时数据的格式。

（3）应如何输入 x，y，才能得到正确结果？

（4）将第一个 scanf 语句中的"&a,&b"改为"a,b"，再编译、运行程序。分析结果不正确的原因。

实验 9：编辑运行含字符型变量和字符函数的程序，理解字符型数据的输入，字符函数及转义字符的用法。用两种不同的方法输入字符。

参考程序如下：

```
#include <stdio.h>
void main( )
{ char c1,c2;
  printf("please input two characters\n");
  scanf("%c",&c1);                      /*输入第一个字符*/
  c2=getchar( );                        /*输入第二个字符*/
  putchar(c1);
  putchar(c2);
  printf("\n\noutput characters is\'%c\' \'%c\'\n",c1,c2);
}
```

请回答：

（1）最后一个语句中用了几个转义字符？各有什么作用？

（2）如果去掉第 3 行再运行程序结果如何？

（3）若将字符 K 和字符 L 分别赋给 c1 和 c2，从键盘输入 KL↙（↙表示回车）或者 K↙L↙或者 K␣L↙，哪些输入方法不正确，为什么？

（4）本程序开始处多了一条文件包含命令#include <stdio.h>，去掉它是否可以？

三、设计实验

实验 10：输入 1 个华氏温度，输出对应的摄氏温度。计算公式为：$C = \dfrac{5}{9}(F - 32)$。

实验 11：输入 1 个整型的角度值，输出其对应的弧度值。

四、自主研发实验

指导 1：运用顺序结构可以完成简单的计算。例如：利用 sqrt( )函数计算一元二次方程的根。

指导 2：C 有两种基本形式的整型量：int 和 unsigned，存储时都占用 2 个字节。int 型的−1 和 unsigned 型的 65535 在内存中的存储形式是相同的。设计一个程序对上述结论进行验证。

指导 3：应用输入语句增强了程序的表现能力。设计程序完成任意两数的四则运算。

指导 4：C 的表达式有很强的表现能力。设计一个程序完成对任意实数的四舍五入运算，要求保留 2 位小数。

五、实测演练

1. 填空题

（1）C 语言没有提供专门的输入输出_____，而是采用输入输出_____来完成输入输出操作。

（2）除了可用 scanf( )函数来输入字符外，还可用_____函数来实现字符输入。

（3）若输入语句为 scanf("%d,%d",&a,&b);。若想使 a 为 3，b 为 4，则运行时必须输入_____。

（4）若 x=2.5，y=4.7，a=7，则表达式 x+a%3* (int)(x+y)%2/4 的值为_____。

2. 选择题

（1）可作为赋值语句的是_____。

    A．x=3，y=5   B．a=b=c   C．i—;   D．y=int(x);

（2）不正确的字符常量是_____。

    A．'\n'   B．'\\'   C．'\xff'   D．'\789'

3. 改错题

（1）int i;

    scanf("%d",i);   /**** Found ****/

（2）float f;

    scanf("%d",&f);   /**** Found ****/

（3）float f=3.5;

    printf("%f",&f);   /**** Found ****/

4. 阅读程序写结果

（1）程序如下：

```
#include <stdio.h>
void main( )
{ int i=3,j=2,a,b,c;
  a=(—i= =j++)?—i:++j;
  b=i++;
  c=j;
  printf("%d,%d,%d",a,b,c);
```

```
        }
```

（2）程序如下：

```
#include <stdio.h>
void main( )
{ int i=020;
  printf("%d",—i);
}
```

（3）程序如下：

```
#include <stdio.h>
void main( )
{ int a=3,b=5,c;
  c=a;
  a=b;
  b=c;
  printf("%d,%d",a,b);
}
```

（4）程序如下：

```
#include <stdio.h>
void main( )
{ int a=3,b=5;
  a+=b;
  b=a–b;
  a–=b;
  printf("%d,%d",a,b);
}
```

问题 1：本程序的运行结果与第（3）题的是否相同？

问题 2：程序的功能是什么？

参考答案

1．填空题

（1）语句，函数　　　　　（2）getchar( )　　　　　（3）3,4　　　　（4）2.5

2．选择题

（1）C　　　　　（2）D

3．改错题

（1）scanf("%d",&i);　　　　　/* 变量必须用地址形式 */

（2）scanf("%f",&f);　　　　　/* 实型量应该用 f 格式 */

（3）printf("%f",f);　　　　　/* 输出时直接用变量名 */

4．阅读程序写结果

（1）1,1,3　　　　（2）15　　　　（3）5,3

（4）5,3　　　　问题 1：相同。　　　　问题 2：互换两个变量的值。

六、设计实验参考程序

实验 10：

```
#include <stdio.h>
void main( )
{ float c,f;
```

```
scanf("%f",&f);
c=5.0/9.0*(f-32);     /* 公式中的 5/9 要改写成实数形式，若写成 5/9，则计算结果为 0
*/
printf("c=%f", c);
}
```

实验 11：

```
#include <stdio.h>
void main( )
{ int x;
  float y;
  scanf("%d",&x);
  y=3.14*x/180;
  printf("y=%f",y);
}
```

1.3 选择结构程序设计实验

一、实验目的

1. 正确使用关系、逻辑运算符和表达式。
2. 学习使用 if 语句和 switch 语句编程。

二、基础实验

实验 1：编程求下面函数的值：

$$y=\begin{cases} x, & (x<0) \\ 2x-1, & (0\leqslant x<10) \\ 3x-11, & (x\geqslant10) \end{cases}$$

要求：

（1）输入 x，数据类型为浮点型。

（2）输出 y 值，要求屏幕打印出：x=??时，y=##.##。（??表示输入值，##.##表示输出结果，小数部分取两位。）

（3）程序中加入 3 处注释，说明 x 取不同值时，相应的计算公式。

参考程序如下：

```
#include <stdio.h>
void main( )
{ float x,y;
  scanf("%f",&x);
  if(x<0)    y=x;
  if(x>=0&&x<10)   y=2*x-1;      /* 此处一定要注意 C 表达式与数学式子的不同 */
  if(x>=10)    y=3*x-11;
  printf("x=%f,y=%.2f",x,y);
}
```

请回答：

（1）将第 6 行的表达式 x>=0&&x<10 换成 0<=x<10 ，对运行结果是否有影响？为什么？

（2）是否可将第 7 行的语句 y=3*x–11; 换成 y=3x–11; ？为什么？

（3）第 8 行的 2 个输出格式符%f 和%.2f 有何不同？

实验 2：编程判断某年是否为闰年。

要求：

（1）从键盘输入年份。

（2）输入年份前要有提示信息："Please input a year:"。

（3）设置一个变量 leap 作闰年的标志，是闰年时置 leap=1，leap 的初始值为 0。

（4）闰年的条件是：年份值能被 4 整除且不能被 100 整除，或者能被 400 整除。

（5）当 leap=1 时，屏幕打印输出所输入的年份是闰年。否则无输出。

（6）程序中判断闰年条件时的关系表达式应为"leap==1"，如果误写为 leap=1，结果如何？

（7）是否可以将闰年的判断条件改为"leap"？若不可以，请说明为什么；若可以，请再给出一个表达式。

参考程序如下：

```c
#include <stdio.h>
void main( )
{ int year,leap=0;
  printf("Please input a year:\n");
  scanf("%d",&year);
  if(year%4==0&&year%100!=0||year%400==0) leap=1;
  if(leap==1)
  printf("Yes");
}
```

实验 3：编写一个程序，输入一个 4 位整数 n，分别打印输出它的个、十、百、千位数。

提示：

n1=n–n/10*10 得到个位数；

n2=(n–n/100*100)/10 得到十位数；

n3=(n–n/1000*1000)/100 得到百位数；

n4=(n–n/10000*10000)/1000 得到千位数。

或者：

n1=n%10 得到个位数；

n2=(n/10)%10 得到十位数；

n3=(n/100)%10 得到百位数；

n4=(n/1000)得到千位数。

参考程序如下：

```c
#include <stdio.h>
void main( )
{ int n,n1,n2,n3,n4;
  printf("shu ru 1 ge 4 wei shu :\n");
  scanf("%d",&n);
  n1=n%10;
  n2=n/10%10;
  n3=n/100%10;
  n4=n/1000;
  printf("n1=%d,n2=%d,n3=%d,n4=%d\n",n1,n2,n3,n4);
```

```
}
```

实验 4：下述程序的功能是什么？若 s=75，输出是什么？

```c
#include <stdio.h>
void main( )
{ float s;
  int n;
  printf("input the grade\n");
  scanf("%f",&s);
  n=(s<60.)?69:68;
  if(s>=70.) n=67;
  if(s>=80.) n=66;
  if(s>=90.) n=65;
  printf("Grade is %c",n);
}
```

注意：

（1）65，66，67，68，69 分别是字符 A，B，C，D，E 的 ASCII 值。

（2）改写上述程序，用 switch 语句来实现。

（3）switch 语句中的表达式为：((int)s/10)。

（4）case 与常量表达式间要有一个分隔符，例如，case 8 不可写为 case8。

（5）正确使用 break 语句。如果没有 break 语句，除了执行满足条件的语句外，还会执行后续的其他条件的语句。

（6）100 分要单独处理。

实验 5：if 语句有单分支和双分支两种基本结构，当这两种结构相互嵌套时，要注意 else 与 if 的匹配关系。分析下述程序，推导出运行后 x 的值是什么，然后采用单步跟踪的方式执行下述程序，验证推导的正确性。

```c
#include <stdio.h>
void main( )
{ int a,b,c,x;
  a=b=c=0;x=35;
  if (!a)x—;
  else if(b); if (c)x=3;
  else x=4;
  printf("x=%d",x);
}
```

分析程序就是按照计算机的执行过程，一步一步推导运行结果。由于 C 支持自由书写格式，这段代码书写比较紧凑，但分析起来可能不会一次就得到正确结果。为了验证分析得到结果的正确性，可单步跟踪程序的执行过程，来验证推导过程与计算机的执行过程是否一致。

打开 TC，新建 1 个空程序窗口，输入上述代码，如图 1.12 所示。

图 1.12　输入原始代码

上述代码在一行内有多条语句，不便于分析和跟踪。将代码重新整理，使每行中仅包含一条语句或一个语句成分，如图 1.13 所示。

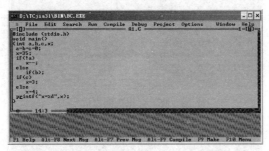

图 1.13　对原始代码进行整理

按"F8"键单步执行程序，能看到在程序的第 2 行上出现一个深色的暗条，标识下面将执行该条语句，以下简称标识该语句，如图 1.14 所示。

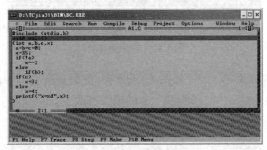

图 1.14　标识将执行的语句

整个程序中仅关心变量 x 在执行过程中的变化，因此需要将 x 设置为观察变量。执行"Debug"菜单下"Watches"子菜单的"Add Watch"命令（该操作可用"Ctrl+F7"组合快捷键实现），打开"Add Watch"对话框，在"Watch Expression"栏中输入变量 x，如图 1.15 所示。

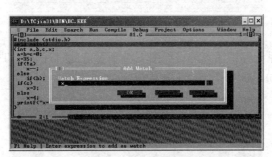

图 1.15　添加观察变量

单击"OK"按钮即完成了添加观察变量的操作。此时在代码窗口的下方弹出观察（Watch）窗口，如图 1.16 所示。观察窗口中的提示为："x: Undefined symbol 'x'"。该提示告知用户：此时还没有定义变量 x。

再次按"F8"键，系统标识第 4 行，如图 1.17 所示。此时观察窗口中的提示为："x: 816"。该提示告知用户：该变量已被定义，当前值为 816。一定注意：该值是系统随机给出的值，无意义。

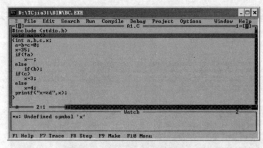

图 1.16　弹出观察窗口

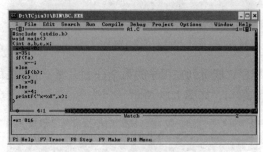

图 1.17　标识第 4 行

再次按"F8"键，系统标识第 5 行，如图 1.18 所示。此时观察窗口中的提示仍然为："x: 816"。因为刚被执行的语句是为变量 a，b，c 赋值，x 的值没有改变。

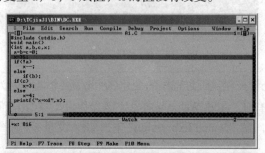

图 1.18　标识第 5 行

再次按"F8"键，系统标识第 6 行，如图 1.19 所示。此时观察窗口中的提示变为："x: 35"。该提示告知用户执行语句"x=35;"后，x 被赋值为 35。

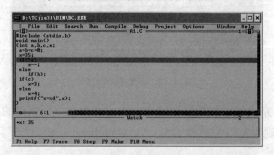

图 1.19　标识第 6 行

再次按"F8"键，系统标识第 7 行，如图 1.20 所示。a 被赋值为 0，表达式!a 的值为 1，则语句 if(!a)的条件成立，下一句将执行 x—;；此时观察窗口中的提示没变，即 x 仍然保持原值。

再次按"F8"键，系统标识第 10 行，如图 1.21 所示。此时观察窗口中的提示变为："x: 34"。

该提示告知用户执行语句"x—;"后，x 的值为 34。从窗口中可以看出程序的第 6~9 行是一个完整的双分支 if 语句。满足条件应执行的语句执行完后将执行下一条语句，即语句 if(c)。

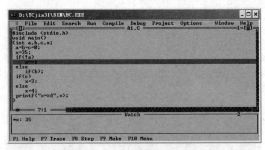

图 1.20　标识第 7 行

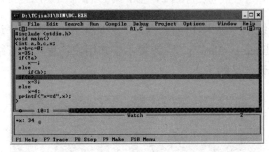

图 1.21　标识第 10 行

再次按"F8"键，系统标识第 13 行，如图 1.22 所示。此时观察窗口中的提示没变，即 x 仍然保持原值。c 被赋值为 0，表达式 c 的值为 0，则语句 if(c) 的条件不成立，下一句将执行 x=4;。

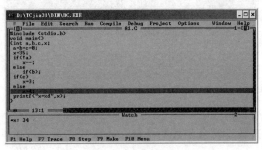

图 1.22　标识第 13 行

再次按"F8"键，系统标识第 14 行，如图 1.23 所示。此时观察窗口中的提示变为："x: 4"。该提示告知用户执行语句"x=4;"后，x 的值为 4。从窗口中可以看出程序的第 10~13 行是一个完整的双分支 if 语句。不满足条件应执行的语句执行完后将执行下一条语句，即语句 printf("x=%d",x);。

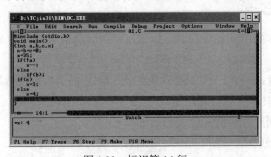

图 1.23　标识第 14 行

再次按 "F8" 键，系统标识第 15 行，如图 1.24 所示。此时观察窗口中提示没变。系统标识花括号 "}" 所在行，表示下一句该执行此句。

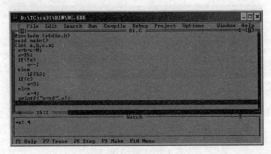

图 1.24　标识第 15 行

再次按 "F8" 键，系统不再标识任何行，如图 1.25 所示。至此程序运行结束。此时观察窗口中的提示变为："x: Undefined symbol 'x'"。该提示告知用户：程序运行结束后变量 x 所占存储单元被系统收回，x 又变成无定义的了。

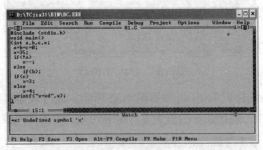

图 1.25　运行结束

三、设计实验

实验 6：用 if 语句实现数学符号函数的计算。计算公式为 $y = \begin{cases} 1, & x > 0 \\ 0, & x = 0 \\ -1, & x < 0 \end{cases}$

实验 7：从键盘输入一个整数，判断其是否为偶数。

实验 8：从键盘输入一个字符，判断其是否为数字。

四、自主研发实验

指导 1：数学上经常要用到各种判断，以决定某种计算。如给定 3 条直线的长度，判断其是否能构成一个三角形。

指导 2：并不是所有的一元二次方程都有实根。给定 3 个系数判断其对应的一元二次方程是否有实根，并求出各个根。

指导 3：商场会根据顾客购货额分段打折。

指导 4：给定五分制成绩，能判断出对应的百分制分数范围。

指导 5：给定函数 $y=kx$，可根据 k 的值确定图像在哪个象限。

指导 6：输入 3 个数，按升序排列输出。

五、实测演练

1. 填空题

（1）数学式 $-5 \leqslant x \leqslant 5$ 对应的 C 表达式为_____。

（2）x 分别为–10，0，10 时，表达式 –5<=x<=5 的值分别为_____、_____、_____。

（3）设 a=1，b=2，c=3，d=4，m=5，n=6，计算(m=a>b)&&(n=d>c)后，n 是_____。

（4）a=2 是_____表达式，a==2 是_____表达式。

（5）执行以下语句后 a 的值为_____，b 的值为_____。

```
int a,b,c,x;
a=b=c=1;
x=(++a||++b&&++c);
```

2. 选择题

（1）判断字符型变量 c1 是否为小写字母的正确表达式为_____。

A．'a'<=c1<='z'　　　　　　B．(c1>=a)&&(c1<=z)

C．('a'>=c1)||('z'>=c1)　　　D．(c1>='a')&&(c1<='z')

（2）以下表达式中能完全等价于逻辑表达式 if(exp)的是_____。

A．(exp==0)　　　　　　　B．(exp!=0)

C．(exp==1)　　　　　　　D．(exp!=1)

3. 阅读程序写结果

（1）程序如下：

```
#include <stdio.h>
void main( )
{ int x=1,y=0,a=0,b=0;
  switch(x)
    {case 1:switch(y)
               {case 0:a++;break;
                case 1:b++;break;
               }
     case 2: a++;b++;break;
     case 3: a++;b++;
    }
  printf("a=%d,b=%d\n",a,b);
}
```

（2）程序如下：

```
#include <stdio.h>
void main( )
{ int x=100,a=10,b=20;
  int v1=5,v2=0;
  if(a<b)
    if(b!=15)
      if(!v1)
        x=1;
      else
        if(v2) x=10;
  x=-1;
  printf("%d",x);
```

```
}
```

4. 阅读程序回答问题

（1）程序如下：

```
#include <stdio.h>
void main( )
{ int num1, num2, num3, max;
  printf(" Please input three numbers: ");
  scanf("%d,%d,%d", &num1, &num2, &num3);
  max = num1;
  if (num2 > max)  max = num2;
  if (num3 > max)  max = num3;
  printf("The three numbers are:%d,%d,%d\n",num1,num2,num3);
  printf("max=%d\n",max);
}
```

问题 1：程序的功能是什么？

问题 2：若使 num1 为 1，num2 为 2，num3 为 3，运行时如何输入？

（2）程序如下：

```
#include <stdio.h>
void main( )
{ char w;
  printf("input a letter: ");
  scanf("%c",&w);
  if(w>='A'&&w<='Z') w+=32;
  printf("%c\n",w);
}
```

问题 1：运行时输入 B，结果是什么？

问题 2：程序功能是什么？

5. 改错

程序如下：

```
#include <stdio.h>
void main( )
{ int i;
  scanf("d",&i);              /**** Found *****/
  if (i>0)
    printf(">0\n")            /**** Found ****/
  if i==0                     /**** Found ****/
    printf("=0\n");
  if (i<0)
    printf("=0\n);            /**** Found ****/
}
```

参考答案

1. 填空题

（1）x>=-5&&x<=5   （2）1, 1, 1   （3）6   （4）赋值，关系   （5）2, 1

2. 选择题

（1）D   （2）B

3. 阅读程序写结果

（1）a=2,b=1   （2）-1

4．阅读程序回答问题

（1）问题 1：找出 3 个数中的最大数。

　　问题 2：1,2,3

（2）问题 1：b

　　问题 2：将输入的大写字母变成小写。

5．改错

```
scanf("%d",&i);          /* 输入格式控制必须加% */
printf(">0\n");          /* 语句必须加; 结束 */
if (i==0)                /* 分支条件应放到括号中 */
printf("=0\n");          /* 字符串必须用一对引号引起来 */
```

六、设计实验参考程序

实验 6：

```
#include <stdio.h>
void main( )
{ float x;
  int y;
  scanf("%f",&x);
  if(x>0)  y=1
  if(x==0) y=0;
  if(x<0)  y=-1;
  printf("y=%d",y);
}
```

实验 7：

```
#include <stdio.h>
void main( )
{ int n;
  scanf("%d",&n);
  if(n%2==0) printf("Yes .");
  else printf("No .");
}
```

实验 8：

```
#include <stdio.h>
void main( )
{ char c;
  c=getchar( );
  if(c>='0'&&c<='9') printf("Yes .");
  else printf("No .");
}
```

1.4　循环程序设计实验

一、实验目的

1．熟悉用 while 语句、do-while 语句、for 语句实现循环程序的方法。

2．掌握在程序设计中用循环的方法实现各种算法。

3．掌握 continue 和 break 的使用。

4．编写循环结构程序。

二、基础实验

实验 1：编辑运行下述程序，正确理解 break 语句和 continue 语句的区别。

参考程序如下：

```
#include <stdio.h>
void main( )
{
  int i;
  for(i=1;i<=20;i++)
    {if (i>=10 ) break;
    printf("In the break loop,i is now %d\n",i);
     }
  for(i=1;i<=10;i++)
    {if (i%3==0)  continue;
    printf("In the continue loop, i is now %d\n",i);
     }
}
```

注意：

（1）循环体中包含多条语句时，要使用花括号来构成复合语句。

（2）第 7 行的语句又称为跟踪打印语句，用于跟踪程序执行路径。在程序执行结果有误时，或为了演示程序执行路径时，常在适当位置插入这种打印语句。

（3）第 9 行后不要误打入分号";"，致使编译器把循环体理解成一个空语句。这也是常见错误之一。

（4）当程序构成死循环时，**可按"Ctrl+Break"**组合键，解除死循环，返回到编辑状态。

实验 2：编程实现把键盘输入的整数各位数字按逆序输出。例如：输入 12345，输出为 54321。

要求：

（1）从键盘输入一个整数 number。

（2）使用 do-while 型循环。

（3）打印输出内容与格式（输入数值以 12345 为例）：

　　　12345 de ni xu shu chu wei ：

　　　54321

提示：

（1）循环结束条件为数 number==0。

（2）number%10 得到最低位。

（3）number=number/10 使 number 丢掉最低位。

参考程序如下：

```
#include <stdio.h>
void main( )
{ int number;
  scanf("%d",&number);
  printf("%d de ni xu shu chu wei :\n",number);
```

```
do{
    printf("%d",number%10);
    number/=10;
  }while(number);
}
```

说明：

（1）语句 number/=10;等价于 number=number/10;。其作用是使 number 缩小 10 倍。

（2）while(number)中的表达式 number 等价于 number!=0，即当 number 不为 0 时或者 number 含有有效数字时，继续循环。

实验 3：编程输出 9×9 乘法表。

输出格式：

```
1
2    4
3    6    9
4    8    12   16
5    10   15   20   25
6    12   18   24   30   36
7    14   21   28   35   42   49
8    16   24   32   40   48   56   64
9    18   27   36   45   54   63   72   81
```

要求：使用二重循环。

提示：循环嵌套时要正确区分哪些语句属于内循环体，哪些语句属于外循环体，要恰当地使用花括号构造复合语句。

参考程序如下：

```
#include <stdio.h>
void main( )
{ int i,j;
  for(i=1;i<=9;i++)
   {for(j=1;j<=i;j++)
     printf("%4d",i*j);   /* %4d 的作用是使每个数据输出时占 4 列 */
    printf("\n");
   }
}
```

实验 4：输入两个正整数 m，n，用"辗转相除法"求这两个数的最大公约数和最小公倍数。

参考程序如下：

```
#include <stdio.h>
void main( )
{ int m,n,r,p;
  scanf("%d%d",&m,&n);
  p=m*n;                 /* 经过后续的计算，m 和 n 已不代表原始数据，用 p 预先保存其乘积 */
  r=m%n;
  while(r)               /* 表达式 r 也可以写成 r!=0 */
   {m=n;
    n=r;
    r=m%n;
```

```
    }
    printf("zui da gong yue shu wei :%d\n",n);
    printf("zui xiao gong bei shu wei :%d\n",p/n);
}
```

实验 5：编程求 1 至 20 阶乘的和。若把 s、s1 定义为整型，分析运行结果。

参考程序如下：

```
#include <stdio.h>
void main( )
{ int n=1;
  double s=0,s1=1;
  while(n<=20)
   {
    s1=s1*n;
    printf("s1=%f\n",s1);
    getchar( );        /*上面两条语句是在循环体中常用的调试打印语句，
                         getchar( )函数使得程序停下来，等待从键盘获得一个字符，这时单击任意键，程序
                         继续运行*/
    n++;
    s=s+s1;
   }
  printf("%f\n",s);
}
```

三、设计实验

实验 6：求 s=1–2+3–…–20。

实验 7：从键盘输入一个整数，判断其是否为素数。

实验 8：输出斐波那契（Fibonacci）数列的前 20 项，要求每行 5 个数。通项公式：$a_1=a_2=1$，$a_n=a_{n-1}+a_{n-2}$。

实验 9：打印输出所有的 3 位水仙花数。水仙花数是指每位数字立方和与该数本身相等的数。

四、自主研发实验

指导 1：除了用辗转相除法求最大公约数外，其他方法还有：辗转相减法，穷举试验法等。再写出 4 种求最大公约数的程序。

指导 2：某数恰好等于其各因子（该数本身除外）和，这种数称为"完数"。找出 1000 以内所有完数。例如，完数 28 的因子为：1，2，4，7，14，且 1+2+4+7+14=28。

指导 3：某数如果对称，称为回文数。如 12321。某司机开长途车，他在里程表的 1 万公里到 2 万公里之间可以看到多少次回文数？

指导 4：编程实现下列 5 组图形。

第 1 组	第 2 组	第 3 组	第 4 组	第 5 组
*	*	*****	*********	12
**	**	****	*******	1122
***	***	***	*****	111222
****	****	**	***	3344
*****	*****	*	*	34

五、实测演练

1. 填空题

（1）可以用_____类型的表达式充当循环的条件。

（2）用 continue 语句可以结束_____循环。

（3）用 break 语句可以结束_____循环。

（4）写出 3 种最简单的死循环。

2. 选择题

（1）执行循环 for(i=1;i<=10;i++);后，i 的值为_____。

    A. 1   B. 10   C. 9   D. 11

（2）不是无限循环的语句为_____。

    A. for(y=0,x=1;x>++y;x=i++)i=x;

    B. for(; ;x++=i);

    C. while(1){x++;}

    D. for(i=10; ;i—) sum+=i;

（3）对下述程序段正确的描述是_____。

```
x=3;
do{y=x—;
   if (!y) {printf("*");continue;}
   printf("#");
   }while(1<=x<=2);
```

    A. 输出##   B. 输出##*

    C. 无限循环   D. 含有不合法的控制表达式

3. 阅读程序写结果

（1）程序如下：

```
#include <stdio.h>
void main( )
{ int x,y;
  x=y=0;
  while(x<15) y++,x+=++y;
  printf("%d,%d",y,x);
}
```

（2）程序如下：

```
#include<stdio.h>              /* 运行时输入 2473 回车 */
void main( )
{ char c;
  while((c=getchar( ))!='\n')
  switch(c-'2')
  {case 0:
   case 1:putchar(c+4);
   case 2:putchar(c+4);break;
   case 3:putchar(c+3);
   default:putchar(c+2);break;
  }
  printf("\n");
```

```
        }
```

（3）程序如下：

```
#include <stdio.h>
void main( )
{int x=3;
do{
printf("%d\n",x-=2);
}while(!(—x));
}
```

4. 改错

（1）for(i=1,i<=10,i++);   /***** Found *****/

（2）while(i=1;);   /***** Found *****/

参考答案

1. 填空题

（1）任意   （2）本次   （3）整个   （4）while(1); ,do{}while(1); ,for(;;);

2. 选择题

（1）D   （2）A   （3）C

3. 阅读程序写结果

（1）8,20   （2）668977   （3）1
                                   —2

4. 改错

（1）for(i=1;i<=10;i++); /* for 中间用；分隔 */

（2）while(i=1);   /* while 后只能是表达式，不能是语句 */

六、设计实验参考程序

实验6：

```
#include <stdio.h>
void main( )
{ int i,f=1,s=0;
  for(i=1;i<=20;i++)      /* 可把 s 看成 10 个数据的累加和，每项的符号交替为+–*/
    {s+=i*f;
    f=-f;               /* 用 f 表示下一项的符号 */
    }
  printf("s=%d",s);
}
```

实验7：

```
#include <stdio.h>
void main( )
{ int x,i;
  scanf("%d",&x);
  for(i=2;i<x;i++)        /* 请思考：表达式 i<x 还可以用什么替代？ */
    if(x%i==0) break;
  if(i<x) printf("Not ");  /* 为什么当 i<x 时，x 是素数？ */
  else printf("Yes ");
}
```

实验 8:

```
#include <stdio.h>
void main( )
{ int i,f1,f2,f3;
  f1=f2=1;
  printf("%12d%12d",f1,f2);
  for(i=3;i<=20;i++)
    {f3=f1+f2;
     f1=f2; f2=f3;
     printf("%12d",f3);
     if(i%5==0) printf("\n");
    }
}
```

实验 9:

```
#include <stdio.h>
void main( )
{ int i,a,b,c;
  for(i=100;i<1000;i++)
    {a=i/100;
     b=i/10%10;
     c=i%10;
     if(a*a*a+b*b*b+c*c*c==i) printf("%d is \n",i);
    }
}
```

1.5 函 数 实 验

一、实验目的

1. 掌握定义函数的方法。
2. 掌握函数实参与形参的参数传递关系。
3. 用函数编写程序。

二、基础实验

实验 1:数学函数 $f(x)=2x^2+3x-1$。求 $s=(f(58)-f(32))/f(21)$。

编程要求:

（1）编写函数求 $f(x)$。

（2）在主函数中计算 s 的值。

参考程序:

```
#include <stdio.h>
double f(double x)
{ double y;
  y=2*x*x+3*x-1;
  return y;
```

```
}
void main( )
{double x1,x2,x3,s;
 x1=58;
 x2=32;
 x3=21;
 if(f(x3)!=0) s=(f(x1)-f(x2))/f(x3);
 printf("s=%f",s);
}
```

注意：

（1）return y;也可以写成 return (y)。

（2）主函数中 if 语句的作用是防止除以 0 产生溢出。

实验 2：编写一个函数判断一个数是否为素数。由主调函数输入一个正整数，调用该函数，主调函数根据返回值打印输出相应结果。例如，输入数值为 28 时，打印输出 "28 is not a prime number ."；输入数值为 17 时，打印输出 "17 is a prime number ."。

编程要求：

（1）主函数。以函数表达式的形式调用被调函数。

（2）被调函数。

① 编辑时被调函数放在主函数的后面。

② 是素数时返回数值 1，否则返回数值 0。

参考程序：

```
#include <stdio.h>
#include <math.h>
void main( )
{ int prime(int);
  int n;
  scanf("%d",&n);
  if(prime(n)==1)
    printf("%d is a prime number .",n);
  else
    printf("%d is not a prime number .",n);
}
int prime(int m)
{int i,k;
 k=sqrt(m);
 for(i=2;i<=k;i++)
    if(m%i==0) break;
 if(i==k+1)
    return 1;
 else
    return 0;
}
```

注意事项：

（1）注意运算符=和==的区别。

（2）循环语句 "for(i=2;i<=k;i++)   if(m%i==0) break;" 判断 m 是不是素数。如果条件 m%i==0 一次都没成立，说明 m 不能被 2～k 的数整除，m 是素数，此时 break 不执行，循环没有提前结束，此为判断素数的条件。

实验 3：计算 $c_m^n = \dfrac{m!}{n!(m-n)!}$，$m$，$n$ 的值由键盘输入。

编程要求：

（1）用函数实现阶乘计算。

（2）在主函数中输入 m，n 的值。

参考程序：

```c
#include <stdio.h>
void main( )
{ long jch(int);
  long l;
  int m,n;
  scanf("%d%d",&m,&n);
  l=jch(m)/(jch(n) *jch(m-n));
  printf("l=%ld",l);                 /* 长整型数据输入输出时用%ld格式 */
}
 long jch(int x)
{long l=1;
  int i;
  for(i=1;i<=x;i++)
    l*=i;
  return l;
}
```

注意：

（1）按书写顺序主调函数出现在被调函数前面时，必须在主调函数中对被调函数进行声明。

（2）函数声明是一条语句，必须用;结束。

（3）声明函数时可省略形参。

（4）输出 long 型数据时，必须用%ld 格式符。

实验 4：求出 100 以内最大的 3 个素数的和。

编程要求：

（1）用函数实现求素数计算。

（2）是素数返回 1，否则返回 0。

（3）考虑 return 语句的特殊性，简化实验 2 中求素数的算法。

参考程序：

```c
#include <stdio.h>
int is(int x)
{ int i;
  for(i=2;i<=x/2;i++)
    if(x%i==0) return 0;  /* 只要求出 x 是素数即可结束子函数调用, 返回主函数 */
  return 1;
}
 void main( )
{int i,f=0,s=0;
  for(i=100;i>0&&f<3;i—)
    if(is(i)){f++; s+=i;};
  printf("s=%d",s);
}
```

说明：计算 x 是否为素数时往往采用一个循环：for(i=2;i<=N;i++)。这里的 N 有 3 种基本表示形式。

（1）按照素数的定义，不能被[2，x−1]区间的任何数整除的数为素数，则可取 $N=x-1$。

（2）按照整数的性质，若 x 有因子 p，则必有因子 q，使得 p*q=x，且最大的因子为 $\frac{x}{2}$，比 $\frac{x}{2}$ 大的数不可能是 x 的因子，所以可取 $N=\frac{x}{2}$，这样可以减少循环的次数。

（3）按照整数的性质，若 x 有因子，因子必成对。其中值小的因子取值范围为$[2, \sqrt{x}]$。因此在循环时，只要把$[2, \sqrt{x}]$内的每个数试验一遍即可，可取 $N=\sqrt{x}$。

实验 5：求 Fibonacci 数列中第 n 项的值。

编程要求：

（1）Fibonacci 数列定义如下：

```
Fib(1)=1,Fib(2)=1
Fib(n)=Fib(n-1)+Fib(n-2)
```

（2）在主函数中检查键盘输入，若为负数时，重新输入。

（3）编写一个递归函数来计算 Fibonacci 数列中第 n 项的值。

参考程序：

```c
#include <stdio.h>
void main( )
{ int fib(int);
  int n;
  do                           /* 用此循环保证 n 为整数 */
  {printf("input n:");
   scanf("%d",&n);
  }while(n<=0);
  printf("fib(%d)=%d\n",n,fib(n));
}
int fib(int n)
{int k;
 if(n==1 || n==2)
   k=1;
 else
   k=fib(n-1)+fib(n-2);
 return k;
}
```

实验 6：依次输出前 n 个数的阶乘。

编程要求：

（1）在主函数中检查键盘输入，若为负数时，重新输入。

（2）采用静态变量编写一个函数来计算阶乘。

参考程序：

```c
#include <stdio.h>
void main( )
{ long jch(int);
  int n,i;
  do {printf("input n:");
      scanf("%d",&n);
```

```
    }while(n<=0);
 for(i=1;i<=n;i++)
    printf("%d!=%ld\n",i,jch(i));
 }
 long jch(int n)
 {static long k=1;
  k*=n;
  return k;
 }
```

三、设计实验

实验 7：计算 $s=\sum_{i=1}^{10} i!$。要求用函数实现阶乘。

实验 8：输入 2 个数，求最大公约数。要求用函数求最大公约数。

实验 9：从键盘输入一批字符，回车结束输入，求数字的个数。要求用函数判断是否为数字。

四、自主研发实验

指导 1：利用函数可以实现代码重用。用函数实现偶数判断，主函数完成接收一批数据，并求出偶数的和。输入 0 时结束。

指导 2：用函数实现求 Fibonacci 数列的第 n 项。主函数任意输入 2 个数代表 Fibonacci 数列某项的序号，求这 2 项的和。

指导 3：用函数实现十进制数转换成十六进制数，并输出转换结果。主函数完成接收 1 个十进制数。

指导 4：阶乘的计算有多种方法：循环，使用函数，试一试用全局变量来计算。依次输出前 n 个数的阶乘。

编程要求：

（1）在主函数中检查键盘输入，若为负数时，重新输入。

（2）采用全局变量来计算阶乘。

五、实测演练

1. 填空题

（1）发生函数调用时，实参向形参_____向传递_____。

（2）主调函数书写在被调函数前面时，在主调函数中必须对被调函数进行_____。

（3）在函数调用前形参_____，调用结束后形参又变成_____。

（4）函数_____可以进行嵌套定义。

2. 阅读程序写结果

（1）程序如下：

```
#include <stdio.h>
void main( )
{ void fun(int i,int j);
  int i=2,x=5,j=7;
  fun (j,6);
  printf("i=%d,j=%d,x=%d\n",i,j,x);
}
```

```
void fun(int i,int j)
{ int x=7;
  printf("i=%d,j=%d,x=%d\n",i,j,x);
}
```

（2）程序如下：

```
#include<stdio.h>
void main( )
{ void ming( );
  ming( );
  ming( );
  ming( );
}
void ming( )
{
  int x=0;
  x+=1;
  printf("%d",x);
}
```

（3）程序如下：

```
#include <stdio.h>
unsigned fun6(unsigned num)
{ unsigned k=1;
  do{
    k*=num%10;
    num/=10;
   }while(num);
  return(k);
}
void main( )
{ unsigned n=26;
  printf("%d\n",fun6(n));
}
```

（4）程序如下：

```
#include <stdio.h>
void main( )
{ int f(int a,int b);
  int i=2,p;
  p=f(i,i+1);
  printf("%d",p);
}
int f(int a,int b)
{ int c;
  c=a;
  if(a>b) c=1;
  else if(a==b) c=0;
    else c=-1;
  return (c);
}
```

参考答案

1. 填空题

（1）单，值　　（2）声明　　（3）无定义，无定义　　（4）不

2．阅读程序写结果

（1）i=7,j=6,x=7　　　　　（2）111　　　（3）12　　　（4）−1

　　i=2,j=7,x=5

六、设计实验参考程序

实验7：

```c
#include <stdio.h>
long jch(int x)
{ long l=1;
  int i;
  for(i=1;i<=x;i++)
    l-=i;
  return l;
}
void main( )
{ long s=0;
  int i;
  for(i=1;i<=10;i++)
    s+=jch(i);
  printf("s=%ld",s);
}
```

实验8：

```c
#include <stdio.h>
int gys(int x,int y)
{ int r;
  r=x%y;
  while(r)
    x=y,y=r,r=x%y;
  return y;
}
void main( )
{ int m,n;
  scanf("%d%d",&m,&n);
  printf("zui da gong yue shu :%d",gys(m,n));
}
```

实验9：

```c
#include <stdio.h>
#include <string.h>
int is(char c)
{ if(c>='0'&&c<='9') return 1;
  return 0;
}
void main( )
{ char c;
  int n=0;
  while((c=getchar( ))!='\n')
    if(is(c)) n++;
  printf("n=%d",n);
}
```

1.6 数组实验

一、实验目的

1. 掌握一维数组和二维数组的定义、赋值和数组输入输出的方法。

2. 掌握字符数组和字符串函数的使用。

3. 掌握几个基本算法：斐波那契（Fibonacci）数列，杨辉三角，选择排序法，冒泡排序法，顺序查找，折半查找，矩阵转置。

4. 用数组编写程序。熟悉使用数组实现常用算法（如排序）。

二、基础实验

实验 1：编程将一个数组中的元素按逆序重新存放。

要求：

（1）使用两个数组。一个存放原始数据，另一个来存放逆序排列的结果。

（2）直接将数组中首尾对应的元素交换，n 个元素只需交换 $n/2$ 次。

参考程序：

```c
#include <stdio.h>
void main( )
{ int a[10]={1,2,3,4,5,6,7,8,9,0},b[10],i;
  for(i=0;i<5;i++)
    {b[9-i]=a[i];
     b[i]=a[9-i];
    }
  for(i=0;i<10;i++)
    printf("%4d",b[i]);
}
```

实验 2：编程求 ax^3+bx^2+cx+d 的值。

要求：

（1）从键盘输入系数 a、b、c、d 并存入数组 a[4]中。

（2）用 for 循环求和。

提示：

（1）将题目中的代数式改写为：$((((0*x+a)*x+b)*x+c)*x)+d$

（2）用 s1，s2，s3，s4 表示从左至右的每个括号的计算值，令 s0=0，则有：

s1=s0*x+a

s2=s1*x+b

s3=s2*x+c

s4=s3*x+d

将 a、b、c、d 存放到数组 a[4]中，由此得到递推关系：s=s*x+a[i]

参考程序：

```c
#include <stdio.h>
```

```
void main( )
{ int a[4],i;
  float x,s=0;
  for(i=0;i<4;i++)
    scanf("%d",&a[i]);
  scanf("%f",&x);
  for(i=0;i<4;i++)
  s=s*x+a[i];
  printf("s=%f",s);
}
```

实验 3：编程，用冒泡法对一组数据进行排序，使数据按降序排列。

要求：

（1）数据由数组初始化给出。

（2）屏幕打印排序前与排序后的数据。

参考程序：

```
#include <stdio.h>
void main( )
{ int a[10]={1,2,3,4,5,6,7,8,9,0},i,j,x;
  printf("pai xu qian :\n");
  for(i=0;i<10;i++)
    printf("%4d",a[i]);
  for(j=0;j<9;j++)
    for(i=0;i<9-j;i++)
      if(a[i]<a[i+1])
        {
         x=a[i];
         a[i]=a[i+1];
         a[i+1]=x;
        }
  printf("\npai xu hou :\n");
  for(i=0;i<10;i++)
    printf("%4d",a[i]);
}
```

实验 4：编程将一个二维数组的行和列元素互换。

要求：

（1）从键盘输入一个 3×3 二维数组的各个元素，数组类型为整型。

（2）输入后按行打印出该数组，以确认输入的正确性，这也是程序调试中经常使用的。

（3）程序完成排序后按行打印输出排序结果。

提示：只需将矩阵中下三角中的元素 a[i][j] 与 a[j][i] 的值进行交换。

参考程序：

```
#include <stdio.h>
void main( )
{ int a[3][3],i,j,x;
  for(i=0;i<3;i++)
    for(j=0;j<3;j++)
      scanf("%d",&a[i][j]);
  printf("\n hu huan qian \n");
  for(i=0;i<3;i++)
    {for(j=0;j<3;j++)
```

```
        printf("%4d",a[i][j]);
      printf("\n");
      }
    for(i=0;i<3;i++)
      for(j=0;j<i;j++)
        {
        x=a[i][j];
        a[i][j]=a[j][i];
        a[j][i]=x;
        }
    printf("\n hu huan hou \n");
    for(i=0;i<3;i++)
     {for(j=0;j<3;j++)
        printf("%4d",a[i][j]);
      printf("\n");
      }
}
```

实验 5：编程实现输入一行字符，分别统计出其中英文字母、空格、数字和其他字符的个数。

提示：

（1）用 gets( )函数输入字符串。

（2）空格的表示用' ',其 ASCII 值为 32。

参考程序：

```
#include <stdio.h>
#include <string.h>
void main( )
{ char str[81];
  int n1,n2,n3,n4,i;
  n1=n2=n3=n4=i=0;
  gets(str);
  while(str[i])
    {if(str[i]>='A'&&str[i]<='Z'||str[i]>='a'&&str[i]<='z') n1++;
     else if(str[i]>='0'&&str[i]<='9') n2++;
         else if(str[i]==' ')n3++;
             else n4++;
     i++;
    }
  printf("zi mu = %d ge \n",n1);
  printf("shu zi = %d ge \n",n2);
  printf("kong ge = %d ge \n",n3);
  printf("qi ta zi fu = %d ge \n",n4);
}
```

实验 6：编辑调试程序，根据输入的学生成绩统计高于平均分的人数。

编程要求：

（1）将学生人数的最大值 N 定义为符号常量。

（2）主函数中输入实际人数 n，再根据实际人数将成绩输入到一维数组 std 中。

（3）用一个函数统计高于平均分的学生数，用数组名和实际人数作形式参数，返回满足条件的学生数。

（4）在打印语句中调用该函数。

参考程序：

```
#include <stdio.h>
```

```
#define N 30
void main( )
{ int n,std[N],i;
  int number(int array[N],int k);
  printf("input student number:\n");
  scanf("%d",&n);
  printf("input student scores:\n");
  for(i=1;i<=n;i++)
     scanf("%d",&std[i]);
  printf("%d",number(std,n));
}
int number(int array[N],int k)
{ int i,sum=0,aver,j=0;
  for(i=1;i<=k;i++)
     sum=sum+array[i];
  aver=sum/k;
  for(i=1;i<=k;i++)
     if(array[i]>aver) j++;
  return j;
}
```

注意事项：

（1）在主调函数中调用用户自定义的函数，应在主调函数中对被调用的函数作声明，如语句 "int number(int array[N],int k);"。

（2）函数调用可以作为函数的参数，如 "printf("%d",number(std,n));"。

（3）数组名可作函数参数，此时应注意实参和形参都应用数组名。

实验 7：编辑调试程序，将一个数组中的元素按逆序重新存放。

编程要求：

（1）直接将数组中首尾对应的元素交换。

（2）将数组元素逆序排列功能编写为一个函数。

参考程序：

```
#define N 8
#include <stdio.h>
void main( )
{ void reverse(int x[N]);
  int i,a[N];
  printf("Input an array\n");
  for(i=0;i<N;i++)
     scanf("%d",&a[i]);
  reverse(a);
  for(i=0;i<N;i++)
  printf("%4d",a[i]);
  }
void reverse(int x[N])
{ int t,i;
   for(i=0;i<N/2;i++)
     {t=x[i];x[i]=x[7-i];x[7-i]=t;}
}
```

注意事项：

（1）本题中直接将数组中首尾对应的元素交换，注意 n 个元素只需交换 n/2 次，而不是 n 次。

（2）本题还可以使用另一种方法，另设一个数组来存放逆序排列的结果。

三、设计实验

实验 8：用选择排序法进行升序排序。

实验 9：设数组有 10 个元素，将第 1 个元素移动到最后 1 个元素的后面。

四、自主研发实验

指导 1：用双重循环可以找出 100 以内的所有素数，还可以利用数组，采用"筛选"法求出 100 以内的素数。

指导 2：若数列是有序的，则可在此数列中插入一个数，结果仍然是有序的。按此思想进行排序的方法叫"插入排序法"。编程实现该算法。

指导 3：在一本厚厚的字典中可以快速找到某词，原因在于字典内容是有序的。按此思想可编程在有序数列中快速查找某数。

指导 4："杨辉三角"是一个著名的数学问题，把等腰三角形变形成直角三角形后就可用数组来构造该三角形。示例如下：

```
变形前              变形后
    1                1
   1 1              1 1
  1 2 1            1 2 1
 1 3 3 1          1 3 3 1
1 4 6 4 1        1 4 6 4 1
```

五、实测演练

1. 填空题

（1）若有定义 int a[10];，则数组元素的个数为_____。

（2）数组元素的下标从_____开始。

2. 选择题

（1）对一维数组 a 的正确说明是_____。

    A．int a(10);
                      B．int n=10,a[n];

    C．int n;
                       D．#define SIZE 10
       scanf("%d",&n);
                        int a[SIZE];
       int a[n];

（2）判断字符串 a 和 b 是否相等，应当使用_____。

    A．if(a==b)
                      B．if(a=b)

    C．if(strcpy(a,b))
                 D．if(strcmp(a,b)==0)

3. 阅读程序写结果

（1）程序如下：

```c
#include<stdio.h>
void main( )
{ char ch[7]={"12ab56"};
  int i,s=0;
```

```
        for(i=0;ch[i]>='0'&&ch[i]<='9';i+=2)
            s=10*s+ch[i]-'0';
        printf("%d\n",s);
    }
```

（2）程序如下：

```
    #include<stdio.h>
    void main( )
    { int a[10]={1,2,2,3,4,3,4,5,1,5};
      int n=0,i,j,c,k;
      for(i=0;i<10-n;i++)
        {c=a[i];
         for(j=i+1;j<10-n;j++)
           if(a[j]==c)
             {n++;
              for(k=j;k<10-n;k++)
              a[k]=a[k+1];
              }
        }
      for(i=0;i<(10-n);i++)
      printf("%d",a[i]);
    }
```

（3）程序如下：

```
    #include<stdio.h>
    void main( )
    { int num[]={6,7,8,9},k,j,b,u=0,m=4,w;
      w=m-1;
      while(u<=w)
        {j=num[u];
         k=2;b=1;
         while(k<=j/2&&b)
           b=j%++k;
         if(b) printf("%d\n",num[u++]);
         else {num[u]=num[w];
               num[w--]=j;
               }
        }
    }
```

4. 程序填空

（1）数组 a 包括 10 个整数元素，从 a 中第 2 个元素起，分别将后项减前项之差存入数组 b，并按每行 3 个元素输出数组 b。请填空。

```
    #include<stdio.h>
    void main( )
    { int a[10],b[10],i;
      for(i=0; 【1】 ;i++)              /*填空*/
        scanf("%d",&a[i]);
        for(i=1; 【2】 ;i++)            /*填空*/
        b[i]=a[i]-a[i-1];
        for(i=1;i<10;i++)
          {printf("%3d",b[i]);
           if( 【3】 )printf("\n");       /*填空*/
```

```
        }
    }
```

（2）用插入排序法对数组 a 进行降序排列。请填空。

```
    #include<stdio.h>
    void main( )
    { int a[5]={4,7,2,5,1};
      int i,j,m;
      for(i=1;i<5;i++)
        {m=a[i];
         j=【1】;                /*填空*/
         while(j>=0&&m>a[j])
            {【2】;               /*填空*/
             j—;
             }
          【3】=m;               /*填空*/
        }
      for(i=0;i<5;i++)
        printf("%d",a[i]);
      printf("\n");
    }
```

参考答案

1. 填空题
（1）10   （2）0
2. 选择题
（1）D   （2）D
3. 阅读程序写结果
（1）1   （2）12345   （3）7
4. 程序填空
（1）i<10，i<10，i%3==0   （2）i−1，a[j+1]=a[j]，a[j+1]

六、设计实验参考程序

实验 8：

```
#include <stdio.h>
void main( )
{ int a[10]={1,2,3,4,5,0,9,8,7,6},i,j,x,k;
 for(j=0;j<9;j++)
   {k=j;
   for(i=k+1;i<10;i++)
     if(a[i]<a[k])
        k=i;
   if(k!=j)
     {
        x=a[j];
        a[j]=a[k];
        a[k]=x;
     }
   }
  printf("pai xu jie guo : \n");
```

```
  for(i=0;i<10;i++)
    printf("%4d",a[i]);
}
```

实验 9：

```
#include <stdio.h>
void main( )
{ int a[10]={1,2,3,4,5,6,7,8,9,0},i,x;
  x=a[0];
  for(i=0;i<9;i++)
    a[i]=a[i+1];
  a[9]=x;
   for(i=0;i<10;i++)
    printf("%4d",a[i]);
}
```

1.7　结构体实验

一、实验目的

1．掌握结构体类型变量的定义与使用。

2．掌握结构体类型数组的概念和应用。

3．利用结构体编程。

二、基础实验

实验 1：编辑调试程序，建立一个学生情况登记表，学生人数最多为 20 人，包括学号、姓名、5 门课程的成绩与总分。在主函数中调用函数来实现指定的功能。

编程要求：

（1）输入 n 个学生的数据（不包括总分）。其中 n（≤20）在主函数中从键盘输入。

（2）编写函数，计算每个学生的总分。

（3）编写函数，按照总分对学生进行排序。

（4）编写函数，实现显示输出给定学号学生的所有信息。

参考程序：

```
#include <stdio.h>
#include <string.h>
struct student
{ int num;
  char name[10];
  float score[5];
  float total;
};
void main( )
{ void data_input(struct student stu[],int n);
  void extotal(struct student stu[],int n);
  void sort_total(struct student *p[],int n);
  int search(struct student stu[],int n,int k);
```

```
       struct student *p[20],stu[20];
       int k,j,n;
       do
        {printf("input n:");
         scanf("%d",&n);
        }while((n<0)||(n>20));
       data_input(stu,n);
       extotal(stu,n);
       printf("num name    score1 score2 score3 score4 score5 total\n");
       for(k=0;k<n;k++)
         printf("%5d%10s%7.1f%7.1f%7.1f%7.1f%7.1f%7.1f\n",stu[k].num,stu[k].name,
            stu[k].score[0],stu[k].score[1],stu[k].score[2],stu[k].score[3],
            stu[k].score[4],stu[k].total);
       for(k=0;k<n;k++) p[k]=&stu[k];
       sort_total(p,n);
       printf("\n");
       printf("num  name    score1 score2 score3 score4 score5 total\n");
       for(k=0;k<n;k++)
         printf("%5d%10s%7.1f%7.1f%7.1f%7.1f%7.1f%7.1f\n",stu[k].num,stu[k].name,
            stu[k].score[0],stu[k].score[1],stu[k].score[2],stu[k].score[3],
            stu[k].score[4],stu[k].total);
       printf("\n");
       printf("input num (end for -1)  :");
       scanf("%d",&k);
       while(k>=0)
        {j=search(stu,n,k);
         if(j>=0)
           printf("%5d%10s%7.1f%7.1f%7.1f%7.1f%7.1f%7.1f\n",stu[k].num,stu[k].name,
              stu[k].score[0],stu[k].score[1],stu[k].score[2],stu[k].score[3],
              stu[k].score[4],stu[k].total);
         else
        printf("search fail !\n\n");
         printf("input num (end for -1)  :");
         scanf("%d",&k);
        }
    }
   void data_input(struct student stu[],int n)
   { int i,k;
     float f1,f2,f3,f4,f5;
     char st[10];
     printf("input student data:\n");
     for(i=0;i<n;i++)
       {scanf("%d%s%f%f%f%f%f",&k,st,&f1,&f2,&f3,&f4,&f5);
        stu[i].num=k;
        strcpy(stu[i].name,st);
        stu[i].score[0]=f1;
        stu[i].score[1]=f2;
        stu[i].score[2]=f3;
        stu[i].score[3]=f4;
        stu[i].score[4]=f5;
       }
   }
   void extotal(struct student stu[],int n)
   { int j,k;
     for(k=0;k<n;k++)
```

```
    {stu[k].total=0.0;
     for(j=0;j<5;j++)
     stu[k].total=stu[k].total+stu[k].score[j];
    }
}
void sort_total(struct student *p[],int n)
{ int i,j,k;
  struct student *w;
  for(i=0;i<n-1;i++)
    {k=i;
     for(j=i+1;j<n;j++)
     if((*p[j]).total<(*p[k]).total) k=j;
     if(k!=i)
       {w=p[i];p[i]=p[k];p[k]=w;}
    }
}
int search(struct student stu[],int n,int k)
{ int j=0;
  while((j<n) && (stu[j].num!=k)) j=j+1;
  if(j==n) j=-1;
  return j;
}
```

实验 2：编辑运行下述程序，理解建立链表及在链表中插入一个节点的方法。

```
#include <stdio.h>
#include <stdlib.h>
struct term
{ struct term *next;
  int value;
};
void main( )
{ int i,n;
  struct term *root,*p,*q,*temp;
  printf(" shu ru shu zhi de ge shu \n");
  scanf("%d",&n);
  root=NULL;
  for(i=0;i<n;i++)
    {temp=malloc(sizeof(struct term));
     temp->value=rand( );
     q=NULL;
     p=root;
     while(p!=NULL&&temp->value>p->value)
     {q=p;
      p=p->next;
     }
     temp->next=p;
     if(q!=NULL)
       q->next=temp;
     else
      root=temp;
    }
  for(p=root;p!=NULL;p=p->next)
  printf("%8d",p->value);
}
```

三、设计实验

实验3：用结构体数组存储某班成绩，输出最高分学生的名字。

四、自主研发实验

指导 1：结构体扩充了数组的表现能力，各成员可以采用不同的数据类型。利用结构体可存储学生的各科成绩，并可统计总分与平均分。

指导 2：结构体数组与生活中的二维表格一致。使用结构体数组可以存储一个班的学生成绩，并可完成统计及排序工作。

指导 3：结构体数组可存储商品按月的销售情况，并找出热销商品及滞销商品。

五、实测演练

1. 填空题

（1）数组中各元素的数据类型必须_____，而结构体中各成员的数据类型可以_____。

（2）引用结构体成员时，须在结构体变量名和成员名之间加_____运算。

2. 选择题

（1）有以下定义和语句：

```
#include <stdio.h>
struct student
{ int age;
  int num;
};
struct student stu[3]={{1001,20},{1002,19},{1003,21}};
void main( )
{ struct student *p;
  p=stu;
  ...
}
```

则不正确的引用是_____。

A. (p++)–>num   B. (*p).num

C. p++   D. p=&stu.age

（2）若有定义

```
struct st
{ int n;
  struct st *next;
};
static struct st a[3]={5,&a[1],7,&a[2],9,'\0'},*p;
p=&a[0];
```

则以下表达式的值为6的是_____。

A. p++->n   B. p->n++   C. (*p).n++   D. ++p->n

3. 阅读程序写结果

（1）程序如下：

```
#include<stdio.h>
void main()
```

```
{ struct date
  {int year,month,dat;
  }today;
  printf("%d\n",sizeof(struct date));
}
```

（2）程序如下：

```
#include<stdio.h>
void main( )
{ struct cmplx{int x;
           int y;
             }cnum[2]={1,3,2,7};
  printf("%d\n",cnum[0].y/cnum[0].x*cnum[1].x);
}
```

（3）程序如下：

```
#include<stdio.h>
struct st
 { int x;
   int *y;
 }*p;
 int dt[4]={10,20,30,40};
 struct st aa[4]={50,&dt[0],60,&dt[1],70,&dt[2],80,&dt[3]};
 void main( )
 {
   p=aa;
   printf("%d,%d,%d",++p->x,(++p) ->x,++( *p->y));
 }
```

参考答案

1. 填空题

（1）相同，不同　　　　（2）．

2. 选择题

（1）D　　　　（2）D

3. 阅读程序写结果

（1）6　　　　（2）6　　　　（3）51,60,21

六、设计实验参考程序

实验3：

```
#include <stdio.h>
void main( )
{ struct student
   {char name[10];
    int score;
   }stu[4]={"zhang",80,"wang",100,"li",70,"zhao",50};
  int i,k,x;
  x=stu[0].score;
  k=0;
  for(i=1;i<4;i++)
    if(x<stu[i].score)k=i;
  printf("zui gao fen xue sheng : $s",stu[k].name);
}
```

1.8 指针实验

一、实验目的

1. 理解指针的概念及用指针间接访问变量的方法。

2. 掌握变量、数组、字符串指针的使用。

3. 学习指针数组的使用。

4. 掌握指针作函数参数的用法，了解指向函数的指针变量。

二、基础实验

实验 1：编写比较两字符串大小的函数 strcmp。

编程要求：

（1）被调函数。

① 形式参数为两个字符串指针。

② 比较结果作为一整型量返回，相等时返回 0，不等时返回两指针所指向的字符的 ASCII 值之差。

（2）主函数。

① 主函数中两个字符型指针变量指向两个字符串，两个字符型指针名作实参。

② 以 printf 函数参数的形式调用 strcmp 函数。

参考程序：

```
#include <stdio.h>
void main( )
{ int strcmp(char * str1,char * str2);
  char * s1, * s2,a1[100],a2[100];
  s1=a1;s2=a2;
  printf("\n input string1:");
  scanf("%s",s1);
  printf("\n input string2:");
  scanf("%s",s2);
  printf("result: %d",strcmp(s1,s2));
}
  int strcmp(char * str1,char * str2)
  {int i=0,resu;
  while((* str1==*str2) && (* str1!='\0'))
    {str1++;
    str2++;
    }
  if(* str1=='\0' && * str2=='\0')  resu=0;
  else  resu=* str1-* str2;
  return resu;
}
```

注意事项：

（1）在主函数中如果不定义 a1 和 a2 数组，没有语句"s1=a1;s2=a2;"可以吗？回答当然是：

"不可以"。这种程序虽然也能运行，但很危险。原因是编译时虽然给指针变量 s1 和 s2 分配了内存单元，s1 和 s2 的地址已经指定了，但 s1 和 s2 的值未指定，是一个不可预料的值。

（2）在循环语句"while((*str1==*str2) && (*str1!='\0')) {i++;str1++;str2++;}"中，注意 str1 和 str2 两个指针变量下移。

如果此语句写成"while((*str1==*str2) && (*str1!='\0')) i++;"，则为死循环。

实验 2：编写一个函数，将一数组的元素逆序排列。

编程要点：

（1）被调函数。

① 两个整型数指针*x，*y 作形式参数。

② 当 x<y 时，交换*x 与*y。

③ 修改两个指针，继续调用该函数。

④ x≥y 时，结束调用。

（2）主函数。

① 输入数组元素。

② 以函数语句形式调用被调函数，用数组名和最后一个数组元素的地址作实参。

参考程序：

```c
#include <stdio.h>
void main( )
{ void invert(int *x,int *y);
  int a[10],i;
  for(i=0;i<=9;i++)
    scanf("%d",&a[i]);
  invert(a,&a[9]);
  for(i=0;i<=9;i++)
    printf("%4d",a[i]);
}
void invert(int *x,int *y)
{ int temp;
  while(x<y)
    {temp=*x;
    *x=*y;
    *y=temp;
    x++;
    y—;
    }
}
```

实验 3：编写利用选择法排序的函数 sort，对数组元素进行从小到大排序。

编程要求：

（1）主函数。

① 主函数中键盘输入 10 个字符。

② 在主函数中声明排序函数。

（2）被调函数。

① 以数组名和数组元素个数作形式参数。

② 在内循环中，被排序的下标初值若未发生改变，则外循环中不进行元素交换操作。

参考程序：

```
#include <stdio.h>
void main( )
{ void sort(int a[],int);
  int c[10],i;
  for(i=0;i<=9;i++)
    scanf("%d",&c[i]);
  sort(c,10);
  for(i=0;i<=9;i++)
    printf("%d",c[i]);
}
void sort(int a[],int n)
{ int i,j,min,t;
  for(i=0;i<=n-2;i++)
    {min=i;
    for(j=i+1;j<=n-1;j++)
      if(a[min]>a[j]) min=j;
    if(min!=i)
      {t=a[i];
       a[i]=a[min];
       a[min]=t;
      }
    }
}
```

三、设计实验

实验 4：输入 3 个整数，按升序输出。

实验 5：输入 10 个数存入数组，将最小的和第 1 个互换。

实验 6：输入 1 个长度为 n 的字符串，将从第 m（m<n）个位置开始的字符都换成*。

四、自主研发实验

指导 1：利用变量可以交换任意 2 个数值，利用指针也可以交换任意 2 个变量的值。编程实现该算法。

指导 2：利用指针可以透过子函数访问到主函数中的值。用此方法编写子函数对数组降序排列。

五、实测演练

1. 填空题

（1）指针代表变量的_____。

（2）间接访问运算符为_____，地址运算符为_____。

（3）数组名代表数组首元素的_____。

2. 选择题

（1）正确的程序段是_____。

A．int *p;   B．int *s,k;

    scanf("%d",p);   *s=100;

    …   …

　C.　int *s,k;

　　char *p,c;

　　s=&k;

　　p=&c;

　　*p='a';

　　…

　D.　int *s,k;

　　char *p,c;

　　s=&k;

　　p=&c;

　　s=p;

　　*s=1

　　…

（2）有以下定义，则 p+5 表示_____。

```
int a[10], *p=a;
```

　A．元素 a[5]的地址　　　　　　B．元素 a[5]的值

　C．元素 a[6]的地址　　　　　　D．元素 a[6]的值

3.　阅读程序写结果

（1）程序如下：

```
#include <stdio.h>
void main( )
{ char str[]="ABC",*p=str;
  printf("%d\n",* (p+3));
}
```

（2）程序如下：

```
#include<stdio.h>
void main( )
{ char a[]="Language",b[]="programe";
  char *p1,*p2;
  int k;
  p1=a;
  p2=b;
  for(k=0;k<=7;k++)
    if(*(p1+k)==*(p2+k))
      printf("%c",*(p1+k));
}
```

（3）程序如下：

```
#include<stdio.h>
void main( )
{ int a=28,b;
  char s[10],*p;
  p=s;
  do{b=a%16;
     if(b<10) *p=b+48;
     else *p=b+55;
     p++;
     a=a/5;
     }while(a>0);
  *p='\0';
  puts(s);
}
```

（4）程序如下：

```
#include<stdio.h>
#include<string.h>
```

```
void fun(char *w,int n)
{ char t,*s1,*s2;
  s1=w;
  s2=w+n-1;
  while(s1<s2)
    {t=*s1++;*s1=*s2—;*s2=t;}
}
void main( )
{ char *p;
  p="1234567";
  fun(p,strlen(p));
  puts(p);
}
```

（5）程序如下：

```
#include<stdio.h>
#include<string.h>
void main( )
{ char *p1,*p2,str[50]="abc";
  p1="abc";
  p2="abc";
  strcpy(str+1,strcat(p1,p2));
  printf("%s\n",str);
}
```

4. 程序填空

（1）以下程序是先输入数据给数组 a 赋值，然后按照从 a[0]到 a[4]的顺序输出各元素的值，最后再按照从 a[4]到 a[0]的顺序输出各元素的值。请填空。

```
#include<stdio.h>
void main( )
{ int a[5];
  int i,*p;
  p=a;
  for(i=0;i<5;i++)
   scanf("%d",p++);
   【1】                    /*填空*/
  for(i=0;i<5;i++,p++)
    printf("%d",*p);
    printf("\n");
   【2】                    /*填空*/
  for(i=4;i>=0;i—,p—)
    printf("%d", *p);
  printf("\n");
}
```

（2）将字符串 b 复制到字符串 a 中，请填空。

```
#include<stdio.h>
void s(char *s,char *t)
{ int i=0;
  while(【1】 ) 【2】;          /*填空*/
}
```

```
    void main( )
    { char a[20],b[10];
      scanf("%s",b);
      s( 【3】 );                    /*填空*/
      puts(a);
    }
```

参考答案

1．填空题

（1）地址　　　（2）*, &　　　　　（3）地址

2．选择题

（1）C　　　　（2）A

3．阅读程序写结果

（1）0　　　　　（2）gae　　　　（3）C51　　　　（4）1711717　　　　（5）aabcabc

4．程序填空

（1）p=a;或者 p=&a[0];, p=a+4; 或者 p=&a[4];　　　　（2）(s[i]=t[i])!='\0', i++;, a,b

六、设计实验参考程序

实验 7：

```
#include <stdio.h>
void main( )
{ int a,b,c,x,* p1,* p2,* p3;
  scanf("%d%d%d",&a,&b,&c);
  p1=&a;
  p2=&b;
  p3=&c;
  if(*p1>*p2)
    {x=*p1,*p1=*p2,*p2=x;}
  if(*p1>*p3)
    {x=*p1,*p1=*p3,*p3=x;}
  if(*p2>*p3)
    {x=*p2,*p2=*p3,*p3=x;}
  printf("a=%d,b=%d,c=%d",a,b,c);
}
```

实验 8：

```
#include <stdio.h>
void main( )
{ int a[10]={1,2,3,4,5,6,7,8,9,0},i,*p,x;
  p=&a[0];
  for(i=1;i<10;i++)
    if(*p>a[i])p=&a[i];
  x=a[0];
  a[0]=*p;
  *p=x;
  for(i=0;i<10;i++)
    printf("%4d",a[i]);
}
```

实验 6:

```
#include <stdio.h>
#include <string.h>
void main( )
{ void zhh(char *p,int n,int m);
  char c[100];
  int m,n;
  gets(c);
  scanf("%d",&m);
  n=strlen(c);
  zhh(c,n,m);
  puts(c);
}
void zhh(char *p,int n,int m);
{ if(m<n)
    {p+=m;
    while(*p)
      {*p='*';
       p++;
      }
    }
}
```

1.9 文件操作实验

一、实验目的

1. 掌握函数递归调用方法。
2. 掌握局部变量及全局变量的使用方法。
3. 掌握文件及文件指针的概念。
4. 掌握文件打开、关闭和使用模式。
5. 掌握用字符方式对文件进行读写等操作。

二、基础实验

实验 1:将从键盘输入的文字送文件中保存,直到输入"#"为止。
要求:
(1)文件名由键盘输入。
(2)文件的使用模式设置为"w"。
参考程序:

```
#include <stdio.h>
void main( )
{ FILE *fp;
  char ch,filename[10];
  scanf("%s",filename);
  if((fp=fopen(filename,"w"))==NULL)
    {printf("cannot open file\n");
```

```
      exit(0);                      /* 若打开出错，则终止程序 */
   }
  ch=getchar( );                    /* 接收执行 scanf 语句时最后输入的回车符 */
  ch=getchar( );                    /* 接收输入的第一个字符 */
  while(ch!='#'
   {fputc(ch,fp);
    putchar(ch);
    ch=getchar( );
   }
  fclose(fp);
}
```

注意：程序的 6～9 行并不是多余的，它用来保证程序的正确性。请列出 3 种以上的不能打开文件的情况。

实验 2：将一个文件复制到另一个文件。

要求：

（1）由键盘输入源文件与目的文件的文件名。

（2）源文件用"r"模式打开，目的文件用"w"模式打开。

（3）用 feof( ) 函数判断源文件是否结束。

参考程序：

```
#include <stdio.h>
void main( )
{ FILE *in,*out;
  char ch,infile[10],outfile[10];
  printf("Enter the infile name:\n");
  scanf("%s",infile);
  printf("Enter the outfile name:\n");
  scanf("%s",outfile);
  if((in=fopen(infile,"r"))==NULL)
    {printf("cannot open infile\n");
     exit(0);}
  if((out=fopen(outfile,"w"))==NULL)
    {printf("cannot open outfile\n");
     exit(0);}
  while(!feof(in))
    fputc(fgetc(in),out);          /* 认真阅读该语句，非常经典 */
  fclose(in);
  fclose(out);
}
```

三、设计实验

实验 3：编写程序，从键盘输入一个字符串（输入的字符串以"！"结束），将其中的小写字母全部转换成大写字母，并写入文件 upper.txt 中，然后再把该文件中的内容读出并输出。

四、自主研发实验

指导 1：静态变量被存储在系统静态存储区。若在子函数中定义静态变量，则在子函数结束时依然保留该变量的定义。下次调用时可直接使用，而不用再次定义。利用这一特性改写实验 1。

指导 2：全局变量也被存储在系统静态存储区。各函数可直接使用全局变量。利用这一特性改写实验 1。

指导 3：利用递归的思想，可以方便地实现复杂数据结构数据的编程。二叉树的先序遍历、中序遍历、后序遍历就是递归的遍历方法。用结构体定义二叉树的逻辑结构，用递归方法编程实现 3 种遍历。

指导 4：用数组可存储班级成绩，但数据与程序是紧密结合的。要想计算另外一个班的成绩，必须修改程序。使用文件操作可以使数据和程序分离。用文件存储每个班级的成绩，程序只完成统计工作。用这种方法还可实现 C 的程序与其他程序的数据交互。

指导 5：Windows 提供的"命令提示符"操作模式给用户提供了一个底层操作界面。实验 3 和实验 4 中生成的文件都可以在命令提示符方式下，用 DOS 命令打开。几个常用的 DOS 命令如下：

```
DIR                    /* 列文件及文件夹目录 */
TYPE  文本文件          /* 显示文本文件内容 */
COPY  源文件  目的文件   /* 将源文件复制到目的文件 */
```

五、实测演练

1. 填空题

（1）局部变量在函数调用结束后将变成_____。

（2）全局变量和局部变量同名时，在局部变量的作用范围内，全局变量_____。

（3）函数的虚参是_____。

（4）用"w"模式打开文件并写入新内容，则原有内容被_____。

2. 选择题

（1）关于函数的叙述正确的是_____。

    A. 函数可以嵌套定义和递归定义

    B. 函数可以嵌套调用和递归调用

    C. 函数可以嵌套定义和递归调用

    D. 函数不可以嵌套调用但可以嵌套定义

（2）若 fp 是指向某文件的指针，且已读到该文件的末尾，则函数 feof(fp) 的返回值是_____。

    A. EOF   B. –1   C. 非零值   D. NULL

3. 阅读程序写结果

（1）程序如下：

```
#include <stdio.h>
void fot(int *pl, int *p2)
{ printf("%d,%d,",*(pl++),++*p2);
}
int x=971,y=369;
void main( )
{ fot(&x,&y);
  fot(&x,&y);
}
```

（2）程序如下：

```
#include <stdio.h>
```

```
#define MAX 5
int a[MAX],k;
void fun1( )
{ for(k=0;k<MAX;k++)
    a[k]=k+k;
}
void fun2( )
{ int a[MAX],k;
  for(k=0;k<MAX;k++)
    a[k]=k;
}
void fun3( )
{ int k;
  for(k=0;k<MAX;k++)
    printf("%d",* (a+k));
}
void main( )
{ fun1( );
  fun3( );
  fun2( );
  fun3( );
}
```

（3）程序如下：

```
#include <stdio.h>
long fun5(int n)
{ long s;
  if((n==1)||(n==2))
    s=2;
  else
    s=n+fun5(n-1);
  return(s);
}
void main( )
{ long x;
  x=fun5(4);
  printf("%ld\n",x);
}
```

（4）程序如下：

```
#include <stdio.h>
int m=13;
int fun(int x,int y)
{ int m=3;
  return(x*y-m);
}
void main( )
{ int a=7,b=5;
  printf("%d\n",fun(a,b)/m);
}
```

（5）程序如下：

```
#include <stdio.h>
#define MAX_COUNT 4
void main( )
```

```
{ void fun( );
  int count;
  for(count=1;count<=MAX_COUNT;count++)
    fun( );
}
void fun( )
{ static int i;
  i+=2;
  printf("%d", i);
}
```

4. 程序填空

（1）以下程序由终端键盘输入一个文件名，然后把从终端键盘输入的字符依次存放到该文件中，用#作为结束输入的标志。请填空。

```
#include<stdio.h>
void main( )
{ FILE *fp;
  char ch,fname[10];
  printf("Input the name of file \n");
  gets(fname);
  if((fp= 【1】 )==NULL)            /*填空*/
    {printf("Cannot open the file!\n");
     exit(0);
    }
  printf("Enter data\n");
  while((ch=getchar( ))!=#)
    fputc(【2】,fp);               /*填空*/
  fclose(fp);
}
```

（2）下面的程序用来统计文件中字符的个数，请填空。

```
#include <stdio.h>
void main( )
{ FILE * fp;
  long num = 0;
  if((fp=fopen("fname.dat","r"))==NULL)
    {printf("Cannot open file!\n");
     exit(0);
    }
  while _____                    /*填空*/
    {fgetc(fp);
     num++;
    }
  printf("num=%d\n",num);
  fclose(fp);
}
```

参考答案

1. 填空题

（1）无定义　　　（2）无定义　　　（3）局部变量　　　（4）覆盖

2. 选择题

（1）B　　　（2）C

3．阅读程序写结果

（1）971,370,971,371,　　　（2）0246802468　　（3）9　　（4）2　　（5）2468

4．程序填空

（1）fname,"w";ch　　　　（2）(!feof(fp))

六、设计实验参考程序

实验3：

```c
#include <stdio.h>
#include <string.h>
void main( )
{ char str[100];
  FILE *fp;
  int k;
  if((fp=fopen("upper.txt","w"))==NULL)
    {printf("cannot open this file!\n");
     exit(0);
    }
  printf("input string:");
  gets(str);
  k=0;
  while(str[k]!='!')
    {if(str[k]>='a' && str[k]<='z')
       str[k]=str[k] -32;
     fputc(str[k],fp);
     k=k+1;
    }
  fclose(fp);
  if((fp=fopen("upper.txt","r"))==NULL)
    {printf("cannot open this file!\n");
     exit(0);
    }
  fgets(str,strlen(str)+1,fp);
  printf("%s\n",str);
  fclose(fp);
}
```

第2章
程序设计同步练习指导

2.1　程序设计基础

2.1.1　要点指导

编程步骤

① 建立数学模型——把实际问题转化为数学模型。

② 找出计算方法——为数学问题的求解找出方法。

③ 进行算法分析——为实现计算方法给出具体算法。

④ 选择一种语言，编出计算机程序——写程序。

⑤ 调试程序——保证程序的正确性。

⑥ 上机运行程序。

2.1.2　同步练习

选择题

（1）以下叙述中正确的是（　　）。

　　A．构成 C 程序的基本单位是函数

　　B．可以在一个函数中定义另一个函数

　　C．main( )函数必须放在其他函数之前

　　D．所有被调用的函数一定要在调用之前进行定义

答：A

（2）结构化程序设计所规定的 3 种基本控制结构是（　　）。

　　A．输入、处理、输出　　　　　　　　B．树形、网形、环形

　　C．顺序、选择、循环　　　　　　　　D．主程序、子程序、函数

答：C

（3）要把高级语言编写的源程序转换为目标程序，需要使用（　　）。

　　A．编辑程序　　　B．驱动程序　　　C．诊断程序　　　　D．编译程序

答：D

（4）下列可以作为 C 语言用户标识符的是（　　　）。

  A．_123   B．a1b2c3   C．int   D．123abc

答：A 和 B

（5）以下选项中合法的用户标识符是（　　　）。

  A．long   B．_2Test   C．3Dmax   D．A.dat

答：B

2.2　数据表示及数据运算

2.2.1　要点指导

1. C 语言源程序的构成、main 函数和其他函数

每个 C 语言程序都是由若干个函数组成的，这其中包含一个"主函数"main( )和其他函数。其他函数包括用户编写的函数和 C 语言本身提供的标准库函数。程序的运行总是从 main( )函数开始执行。函数是 C 程序的基本单位。

2. 函数的组成

每个函数都是由函数说明部分和函数体两部分组成的。函数的说明部分包括函数名、函数的形式参数、函数的值的类型等。函数体是由大括号{　}括起的部分，由变量定义和执行部分组成。函数的执行部分是由 C 语句组成的。这些 C 语句是按照结构组成的，这些结构有 3 类即顺序结构、选择结构和循环结构。结构之间可以并列和嵌套。

3. 头文件

包含头文件的格式：#include "头文件名"

       或

       #include <头文件名>

例如：   #include "stdio.h"

它的作用是将文件 stdio.h 的内容插入在#include "stdio.h"所在的位置。

当调用 C 语言标准函数库中输入输出类函数时，要把头文件 stdio.h 包含在程序的开头；当调用 C 语言标准函数库中数学类函数（如 sin、sqrt）时，要把头文件 math.h 包含在程序的开头。

4. 数据的说明

C 语言的数据分为常量和变量，常量可以直接使用，符号常量在使用前需要定义（宏定义），变量在使用前必须先定义名称和类型。

变量的定义格式：类型名　变量名；

  或

      类型名　变量名=常量；

5. 源程序的书写格式

C 语言的书写格式比较自由，一行可以写几条语句，一条语句可以写在几行里，每条语句和数据定义的最后一个字符必须是分号";"。

C 语言的注释信息格式为：/*　注释信息　*/　或　// 注释信息。

C 语言区分字母的大、小写。

6．C 语言的风格

（1）语言简练、使用方便：有 32 个关键字、9 种控制语句。

（2）运算符丰富：32 种运算符。

（3）数据类型丰富：有整型、实型、字符型、枚举类型等基本数据类型，有数组、结构体、共用体等构造类型和指针类型，能够实现复杂的数据结构。

（4）可直接访问地址。

（5）可以进行位操作。

（6）可移植性好。

7．C 语言的数据类型

C 语言的数据类型分为：基本类型、构造类型、指针类型、空类型。

其中基本类型包含：整型（带符号整型 int 、short int 、long int；

无符号整型 unsigned 、unsigned short 、unsigned long）

实型（单精度型 float、双精度型 double）

字符型 char

枚举类型

C 语言中 int 数据用 2 个字节的补码表示，表示整数的范围是 –32768 ~ 32767。unsigned 数据用 2 个字节二进制数表示，表示整数的范围是 0 ~ 65535。

8．运算符和表达式

C 语言程序是由若干个函数组成的，每个函数由函数说明部分和函数体两部分组成。函数体是由大括号{ }括起的部分，由变量定义和执行部分组成。函数的执行部分是由 C 语句组成的。因此在学习 C 语言的过程中注意熟练掌握 C 语言中的各种语句，能够灵活运用 C 语言中的各种语句。而构成 C 语句的核心是表达式，C 语言中有算术表达式、赋值表达式、逗号表达式、关系表达式、逻辑表达式和条件表达式。而表达式是由常量、变量、函数和运算符构成的。

C 语言共有 34 个运算符，这些运算符的**优先级**和**结合性**十分重要，在学习中要牢记。C 语言的运算符按照优先级从高到低排列如下。

优先级	运算符		结合方向
1	（）[ ] -> .		自左至右
2	！ ~ ++ —— –（类型） * & sizeof		自右至左
3	* / %	算术运算符	自左至右
4	+ –	算术运算符	自左至右
5	<< >>	位操作运算符	自左至右
6	< <= > >=	关系运算符	自左至右
7	== !=	关系运算符	自左至右
8	&	位操作运算符	自左至右
9	^	位操作运算符	自左至右
10	|	位操作运算符	自左至右
11	&&	逻辑运算符	自左至右
12	||	逻辑运算符	自左至右
13	? :	条件运算符	自右至左
14	= += –= *= /= %= <<= &=	赋值运算符	自右至左
15	,	逗号运算符	自左至右

从而，C 语言表达式的计算顺序从高到低为：

算术表达式

关系表达式

逻辑表达式

条件表达式

赋值表达式

逗号表达式

2.2.2   同步练习

1. 选择题

（1）在 C 语言中，不正确的 int 类型的常数是（   ）。

    A. 32768   B. 0   C. 037   D. 0xAF

答：A

（2）以下选项中合法的实型常数是（   ）。

    A. 5E2.0   B. E–3   C. 2E0   D. 1.3E

答：C

（3）以下非法的赋值语句是（   ）。

    A. n=(i=2,++i);   B. j++;   C. ++(i+1);   D. x=j>0;

答：C

（4）设 a 和 b 均为 double 型变量，且 a=5.5，b=2.5，则表达式(int)a+b/b 的值是（   ）。

    A. 6.500000   B. 6   C. 5.500000   D. 6.000000

答：D

（5）与数学式子 $\dfrac{3x^n}{2x-1}$ 对应的 C 语言表达式是（   ）。

    A. 3*x^n(2*x–1)   B. 3*x**n(2*x–1)

    C. 3*pow(x,n) * (1/(2*x–1))   D. 3*pow(n,x) * (2*x–1)

答：C

（6）若有以下程序：

```c
#include <stdio.h>
void main( )
{ int k=2,i=2,m;
  m=(k+=i*=k);
  printf("%d,%d\n",m,i);
}
```

执行后的输出结果是（   ）。

    A. 8，6   B. 8，3   C. 6，4   D. 7，4

答：C

（7）若有定义："int a=8，b=5，c;"，执行语句 "c=a/b+0.4;" 后，c 的值为（   ）。

    A. 1.4   B. 1   C. 2.0   D. 2

答：B

（8）若变量 a 是 int 类型，并执行了语句：a='A'+1.6;，则正确的叙述是（   ）。

A．a 的值是字符 C 　　　　　　B．a 的值是浮点型

C．不允许字符型和浮点型相加 　D．a 的值是字符'A'的 ASCII 值加上 1

答：D

（9）判断 char 型变量 c1 是否为小写字母的正确表达式为（　　　）。

A．'a'<=c1<='z' 　　　　　　　B．(c1>=a)&&(c1<=z)

C．('a'>=c1)||('z'>=c1) 　　　　D．(c1>='a')&&(c1<='z')

答：D

（10）

```
#include<stdio.h>

void main( )
{ int a,b,d=241;
  a=d/100%9;
  b=(-1)&&(-1);
  printf("%d,%d\n",a,b);
}
```

A．6,1 　　　B．2,1 　　　C．6,0 　　　D．2,0

答：B

说明：

241/100 的值为 2，2%9 的值为 2。

(-1)&&(-1)的值为 1。在逻辑运算中，非 0 的值为真，真"与"真结果为真，关系和逻辑运算的结果如果为真用"1"表示，如果为假用"0"表示。

2．阅读程序写结果

（1）在 C 语言中，如果下面的变量都是 int 类型，则输出的结果是（　　　）。

```
sum=pad=5,pAd=sum++,pAd++,++pAd;
printf("%d\n",pad);
```

答：5

说明：因为 C 语言对字母大小写敏感，也就是说区分大小写字母。pad 和 pAd 是两个不同的变量。

（2）

```
#include <stdio.h>

void main( )
{ int x=10,y=3;
  printf("%d\n",y=x/y);
}
```

答：3

说明：因为两个同类型的数据作算术运算，其结果仍为该类型。即整数除以整数，商仍为整数。10/3 的商为 3。

（3）

```
#include <stdio.h>

void main( )
{ int a=0;
  a+=(a=8);
  printf("%d\n",a);
}
```

答：16

（4）

```
int i = 65536;
printf("%d\n", i);
```

答：0

（5）
```c
#include <stdio.h>
void main( )
{ int a=5,b=4,c=3,d;
  d=(a>b>c);
  printf("%d\n",d);
}
```

答：0

（6）
```c
#include <stdio.h>
void main( )
{ char c1='A',c2='Y';        // 字母'A'的 ASCII 值为 65
  printf("%d,%d\n",c1,c2);
}
```

答：65，89

（7）
```c
#include <stdio.h>
void main()
{ int a=0;
  a+=(a=8);
  printf("%d\n",a);
}
```

答：16

3. 用赋值表达式表示下列计算。

（1）$y=x^{a+b^c}$ 　　　　　　　　　　（2）$x=(\ln\sqrt{a+d^2}-e^{26})^{5/2}$

（3）$y=\dfrac{\sin X}{aX}+\left|\cos\dfrac{\pi X}{2}\right|$ 　　（4）$R=\dfrac{1}{\dfrac{1}{R_1}+\dfrac{1}{R_2}+\dfrac{1}{R_3}}$

（5）$y=\dfrac{x}{1+\dfrac{x}{3+\dfrac{(2x)^2}{5+\dfrac{(2x)^3}{7+(4x)^2}}}}$

答：（1）y= pow(x,(a+pow(b,c)))

（2）x= pow(log((sqrt(a+d*d))-exp(26),5.0/2)

（3）y= sin(X)/(a*X)+fabs(cos(3.14*X/2))

（4）R=1.0/(1.0/R1+1.0/R2+1.0/R3)

（5）y= x/(1+x/(3+pow(2*x,2)/(5+pow(2*x,3)/(7+pow(4*x,2)))))

2.3　最简单的 C 程序设计

2.3.1　要点指导

1. 输入输出函数

输出函数 printf

字符输出函数 putchar

输入函数 scanf

字符输入函数 getchar

2. 常用格式编辑符

输出整数格式编辑符 %d %u %x %o

输出实数格式编辑符 %f %e

输出字符和字符串格式编辑符 %c %s

2.3.2　同步练习

1. 选择题

（1）以下程序的输出结果是（　　　）。

```
#include<stdio.h>
void main ( )
{ int i=010,j=10;
  printf("%d,%d\n",++i,j—);
 }
```

A. 11, 10　　　　B. 9, 10　　　　　C. 010, 9　　　　　D. 10, 9

答：B

（2）以下程序的输出结果是（　　　）。

```
#include <stdio.h>
void main( )
{ int a=4,b=5,c=0,d;
  d=!a&&!b||!c;
  printf("%d\n",d);
}
```

A. 1　　　　　B. 0　　　　　C. 非 0 的数　　　　　D. −1

答：A

2. 阅读程序写结果

（1）
```
#include <stdio.h>
void main( )
{ int x=023;
  printf("%d\n",—x);
}
```

输出结果是（　　　）。

答：18

说明：因为 023 是一个八进制数，表达式—x 的值为 022，按照%d 带符号的十进制数输出，结果为 18。

注意：023 是八进制数；23 是十进制数；0x23 是十六进制数。

（2）若 x 和 y 都是 int 型变量，x = 100，y = 200，且有下面的程序段：

```
printf("%d",(x,y));
```

上面程序段的输出结果是（　　　）。

答：200

（3）
```
int a=110,b=017;
printf("%x,%d\n",a++,++b);
```

输出结果是（　　　）。

答：6e,16

说明：110 的十六进制数为 6e，八进制数 017 加 1 为 020，等于十进制数 16。

（4）
```
float  x;
    x=213.82631;
    printf("%4.2f\n", x);
```
输出结果是（　　　）。

答：213.83

3．分析下面程序段，指出错误并改正

（1）
```
int a,b;
    scanf("%d,%d",a,b);
```
答：scanf("%d,%d",&a,&b);

（2）
```
float f=2.39;
    printf("%d",f);
```
答：printf("%f",f);

（3）
```
double var;
    long a ;
    scanf("%f%d",&var,&a);
```
答：scanf("%f%ld",&var,&a);

（4）
```
float f;
    scanf("%5.2f",&f);
```
答：scanf("%f",&f);

（5）
```
#include <stdio.h>
void main( )
{
int a,b;
scanf("a=%d,b=%d",&a, &b);
printf("a=%d,b=%d\n",a,b);
}
```
程序运行时输入：6,2<Enter>

答：程序运行时输入：a=6,b=2<Enter>

2.4　选择结构程序设计

2.4.1　要点指导

1．if 语句 3 种形式

（1）if(表达式)　　　　语句

（2）if(表达式)　　　　语句 1

　　　else　　　　　　语句 2

（3）if(表达式 1)　　　语句 1

else if(表达式 2) 　　语句 2

else if(表达式 3) 　　语句 3

…

else if(表达式 n) 　　语句 n

else 　　　　　　　语句 n+1

2. if 和 else 的匹配原则

if 和 else 既可以成对出现，也可不成对出现，else 总是与最近的、尚未配对的 if 相匹配。

3. switch 语句形式

```
switch(表达式)
{
case 常量表达式 1：语句 1
case 常量表达式 2：语句 2
    …
case 常量表达式 n：语句 n
default:        语句 n+1
}
```

4. break 语句

break 语句的作用是本层结束循环或 switch 语句。

5. 选择结构的嵌套

2.4.2 同步练习

1. 选择题

（1）若 k 是 int 型变量，且有下面的程序段：

```
k =-3;
if(k<=0) printf("####")
else    printf("&&&&");
```

上面程序段的输出结果是（ 　　 ）。

A. ####　　　　　　　　　　　　B. &&&&

C. ####&&&&　　　　　　　　　D. 有语法错误，无输出结果

答：D

（2）已有定义：int x=3,y=4,z=5;，则表达式 !(x+y)+z-1&&y+z/2 的值是（ 　　 ）。

A. 6　　　　　B. 0　　　　　C. 2　　　　　D. 1

答：D

（3）计算符号函数的值，以下程序段中不能根据 x 值正确计算出 y 值的是（ 　　 ）。

A. `if(x>0) y=1;`
　　`else if(x==0) y=0;`
　　`else y=-1;`

B. `y=0;`
　　`if(x>0) y=1;`
　　`else if(x<0) y=-1;`

C. `y=0;`
　　`if(x>=0);`
　　`if(x>0) y=1 ;`
　　`else y=-1;`

D. `if(x>=0)`
　　`if(x>0) y=1;`
　　`else y=0;`
　　`else y=-1;`

答：C

（4）有以下程序：

```c
#include <stdio.h>
void main( )
{ int a=15,b=21,m=0;
 switch(a%3)
  { case 0: m++; break;
    case 1: m++;
         switch(b%2)
          { default:m++;
            case 0:m++;break;
          }
  }
 printf("%d\n",m);
}
```

程序运行后的输出结果是（　　　）。

A. 1　　　　　　B. 2　　　　　　C. 3　　　　　　D. 4

答：A

2. 阅读程序写结果

（1）
```c
#include <stdio.h>
void main( )
{int a=1,b=2,c=3,d=4,m=2,n=2;
 (m=a>b)&&(n=c>d);
 printf("%d",n);
}
```

答：2

说明：首先计算 m=a>b，因为关系运算符">"优先级高于赋值运算符"="，a>b 的结果为假（0），赋值后 m 的值为 0。因为 C 语言计算逻辑表达式 0&&(n=c>d)时，已经知道结果为 0，因此 n=c>d 就不计算了。n 的值仍为 2。

（2）
```c
#include <stdio.h>
void main( )
{ int x=10,y=20,z=30;
  if(x>y)
  z=x;x=y;y=z;
  printf("%d,%d,%d",x,y,z);
}
```

答：20，30，30

说明：

因为 `if(x>y)`

　　`z=x;x=y;y=z;`

是 3 条语句，即：

　　`if(x>y) z=x;`
　　`x=y;`
　　`y=z;`

而不是：

　　`if(x>y)`
　　`{ z=x;x=y;y=z; }`

（3）
```c
#include <stdio.h>
    void main( )
```

```
    { int m=5;
      if(m++>5)printf("%d\n",m);
      else    printf("%d\n",m—);
    }
```

答：6

说明：因为表达式 m++>5 的值为假，m 的值为 6，执行语句 printf("%d\n",m—);时输出 6，m 的值又变为 5。

（4）
```
#include <stdio.h>
void main( )
{ int a=100,x=10,y=20,m=5,n=0;
  if(x<y)
    if(y!=m)
      a=1;
    else
      if(n)a=10;
  a=-1;
  printf("%d\n",a);
}
```

答：-1

说明：

在 if 嵌套中，else 总是与它上面最近的 if 结合，因此本程序变为：

```
if(x<y)
    { if(y!=m)
        a=1;
      else
        if(n) a=10;
    }
 a=-1;
```

最后变量 a 的值为-1。

（5）
```
#include <stdio.h>
void main( )
{ int x,y,z;
  x=1;y=2;z=3;
  x=y—<=x||x+y!=z;
  printf("%d,%d",x,y);
}
```

答：1，1

说明：因为关系运算符优先级高于逻辑运算符，因此首先计算 y—<=x，结果表达式的值为假（0），y 的值为 1；再计算 x+y!=z，结果为真（1），x 的值为真（1）。

（6）
```
#include <stdio.h>
void main( )
{ int i=0,j=0,k=6;
  if((++i>0)||(++j>0))k++;
  printf("%d,%d,%d\n",i,j,k);
}
```

答：1，0，7

说明：首先计算++i>0，结果表达式的值为真，变量 i 的值为 1。在计算 1||(++j>0)时，因为结果为真（1），C 语言不再计算表达式(++j>0)了。因为 if( )中的逻辑表达式值为真，因此计算 k++，

结果 k 值 7。

（7）
```c
#include <stdio.h>
void main( )
{int a=2,b=7,c=5;
 switch(a>0)
 { case 1:switch(b<0)
     {case 1:printf("@");break;
      case 2:printf("!");break;
      }
   case 0:switch(c==5)
     {case 0:printf("*");break;
      case 1:printf("#");break;
      default:printf("?");break;
      }
   default:printf("&");
 }printf("\n");
 }
```

答：#&

说明：

因为表达式 a>0 的值为真（1），计算 case 1: 后面的语句：

```c
switch(b<0)
        {case 1:printf("@");break;
         case 2:printf("!");break;
         }
```

由于表达式 b<0 的值为假（0），因此本语句执行结束。又由于本语句后面无 break 语句，因此继续执行

```c
switch(c= =5)
        {case 0:printf("*");break;
         case 1:printf("#");break;
         default:printf("?");break;
         }
```

结果输出#，由于上面的语句后面也无 break 语句，因此继续执行语句 printf("&");输出&。

（8）
```c
#include <stdio.h>
void main( )
{int a=-1,b=4,k;
k=(a++<=0)&&(!(b—<=0));
printf("%d %d %d\n",k,a,b);
}
```

答：1 0 3

说明：关系表达式 a++<=0 的值为真（即 1），因为首先判断-1<=0，然后执行 a++，变量 a 的值为 0；

关系表达式!(b—<=0) 的值为真（即 1），因为首先判断 4<=0，然后执行 b—，变量 b 的值为 3，最后执行逻辑非运算!；

逻辑表达式(a++<=0)&&(!(b—<=0))的值为真（即 1），执行赋值运算后，变量 k 的值为 1。

（9）若执行下面的程序时从键盘上输入 3 和 4，则输出是（　　　）。

```c
#include <stdio.h>
void main( )
```

```
{ int a,b,s;
  scanf("%d%d",&a,&b);
  s=a;
  if(a<b)s=b;
  s=s*s;
  printf("%d\n",s);
}
```
答：16

（10）
```
#include <stdio.h>
void main( )
{ int x=3,y=0,z=0;
  if(x=y+z)  printf("****");
  else       printf("####");
}
```
答：####

（11）两次运行下面的程序，如果从键盘上分别输入6和4，则输出的结果是（   ）。
```
#include <stdio.h>
void main ( )
{ int x;
  scanf("%d",&x);
  if (x++>5)  printf("%d",x);
  else       printf("%d\n",x—);
}
```
答：7 5

（12）
```
#include <stdio.h>
void main( )
{ int x=10,y=20,t=0;
  if(x= =y)t=x;x=y;y=t;
  printf("%d,%d \n",x,y);
}
```
答：20,0

3. 填空题

（1）执行以下语句后 a 的值为【1】；b 的值为【2】。
```
int a,b,c;
a=b=c=1;
++a||++b&&++c;
```
答：【1】 2；【2】 1

（2）已知 A=7.5，B=2，C=3.6，表达式

A>B&&C>A||!A<B&&!C>B 的值是【 】。

答：0

（3）当 m=2，n=1，a=1，b=2，c=3 时，执行完 d=(m=a!=b)&&(n=b>c) 后，n=【1】，m=【2】。

答：【1】0   【2】1

说明：因为首先计算关系运算 a!=b，结果为真即 1，再计算赋值运算 m=1；再计算 b>c，结果为假即 0，赋值 n=0；最后 d 的值为假即 0。

（4）假定所有变量均已正确说明，下列程序段运行后 x 值是【 】。
```
a=b=c=0;x=35;
if (!a) x—;
else if(b);if (c) x=3;
```

```
    else x=4;
```

答：4

说明：

```
a=b=c=0;
x=35;
if (!a) x—; else if(b);
if (c) x=3; else x=4;
```

（5）设 ch 是 char 型变量，其值为'A'，且有下面的表达式：

```
ch = (ch >= 'A' && ch <= 'Z') ? (ch + 32) : ch
```

　　上面表达式的值是【　　】。

答：'a'

2.5　循环结构程序设计

2.5.1　要点指导

1. for 循环结构

for(表达式1；表达式2；表达式3)　循环体

熟练掌握 for 循环的执行过程：

① 首先计算表达式 1；

② 计算表达式 2；

③ 如果计算表达式 2 的值为真，则执行循环体，计算表达式 3，然后转到②；

④ 如果计算表达式 2 的值为假，则循环结束。

表达式 1 主要作用是对循环条件的初始化，在循环开始时仅执行一次。

表达式 2 是判断是否继续循环的条件。

每次执行完循环体，都要计算表达式 3，然后计算表达式 2 判断是否继续循环。

2. while 循环结构

while(表达式)

　　　循环体

执行过程：

① 计算表达式；

② 如果表达式的值为真，则执行循环体，然后转到①；

③ 如果表达式的值为假，则循环结束。

亦即当表达式为真时执行循环体。

3. do-while 循环结构

```
do
循环体
while(表达式);
```

执行过程：

① 执行循环体；

② 计算表达式；

③ 如果表达式的值为真，则转到①；

④ 如果表达式的值为假，则循环结束。

即执行循环体，当表达式值为真时继续执行循环体。

4. continue 语句的作用是结束本次循环

break 语句的作用是结束循环和结束 switch 语句。当循环是多层嵌套时，break 语句的作用是结束本层循环。

5. 循环的嵌套

各种循环可以互相嵌套。

2.5.2 同步练习

1. 选择题

（1）不是无限循环的语句为（ ）。

A. for(y=0,x=1;x>++y;x=i++)i=x; B. for(;;x=++i);

C. while(1){x++;} D. for(i=10; ;i--) sum+=i;

答：A

（2）下面程序段不是无限循环的是（ ）。

A. int i=100;
while(1)
{i=i%100+1;
if(i>100)break;
}

B. for(; ;);

C. int k=0;
do{++k;} while(k>=0);

D. int s=36;
while(s);--s;

答：C

说明：

A. i 值只能是从 1 到 100 之间变化，i>100 永远是假，因此 break 永远也不会被执行。

B. for 循环语句的第 2 个表达式没有，意味着永远为真。

C. 每次循环 k 的值加 1，当 k 的值为 32767 时，再执行++k，k 的值变为-32768，循环结束。

D. 因为语句--s 并不在循环中，while(s);永远执行一个空语句。

（3）下面程序段（ ）。

```
x=3;
do{ y=x--;
    if (!y) {printf("*");continue;}
    printf("#");
  }while(1<=x<=2);
```

A. 输出## B. 含有不合法的控制表达式

C. 无限循环 D. 输出##*

答：C

说明：第一次循环执行 y=x—；后 x 和 y 的值分别为 2 和 3，因此输出 1 个#。执行 1<=x<=2 时由于逻辑运算符<=的结合性是从左至右，因此首先计算 1<=x，结果为真（即 1），然后计算 1<=2，结果仍为真，再次执行循环。可以看出无论 1<=x 为真（即 1）或者为假（即 0），1<=x<=2 的值始终为真，因此循环为无限循环。

（4）程序的运行结果是（　　）。

```
#include<stdio.h>
void main( )
{ int x=10,y=10,i;
  for(i=0;x>8;y=++i)
  printf("%d,%d,",x—,y);
}
```

A．10,1,9,2,　　　　B．9,8,7,6,　　　　C．10,9,9,0,　　　　D．10,10,9,1,

答：D

（5）若 i 为整型变量，i=0;

```
while (i=0)i++;
```

则以上循环（　　）。

A．执行 10 次　　　　B．执行 1 次　　　　C．一次也不执行　　　　D．无限循环

答：C

说明：因为 i=0 是赋值表达式，其值为 0 即假，而非条件表达式 i==0。

（6）下列程序执行后的结果是（　　）。

```
int a,y;
a=10;y=0;
do { a+=2;y+=a;
    printf("a=%d  y=%d\n",a,y);
    if(y>20)break;
    }while(a=14);
```

A．a=12　y=12　　　　　　　　B．a=12　y=12
　　a=14　y=16　　　　　　　　　　a=16　y=28
　　a=16　y=20
　　a=18　y=24

C．a=12　y=12　　　　　　　　D．a=12　y=12
　　　　　　　　　　　　　　　　　a=14　y=26
　　　　　　　　　　　　　　　　　a=14　y=44

答：B

说明：注意 a=14 是赋值表达式，其值为 14（表示真），而非条件表达式 a==14。

（7）以下循环体的执行次数是（　　）。

```
#include "stdio.h"
void main( )
{ int i,j;
  for(i=0,j=1;i<=j+1;i+=2,j—)printf("%d\n",i);}
```

A．3　　　　B．2　　　　C．1　　　　D．0

答：C

（8）以下程序的功能是：按顺序读入 10 名学生 4 门课程的成绩，计算出每位学生的平均分并输出，程序如下：

```
#include <stdio.h>
```

```
void main( )
{ int n,k;
  float score ,sum,ave;
  sum=0.0;
  for(n=1;n<=10;n++)
   { for(k=1;k<=4;k++)
     { scanf("%f",&score); sum+=score;}
     ave=sum/4.0;
     printf("NO%d:%f\n",n,ave);
   }
}
```

上述程序运行后结果不正确，调试中发现有一条语句出现在程序中的位置不正确。这条语句是（   ）。

    A．sum=0.0;   B．sum+=score;

    C．ave=sun/4.0;   D．printf("NO%d:%f\n",n,ave);

答：A

（9）有以下程序段：

```
int n=0,p;
do{scanf("%d",&p);n++;}while(p!=12345 &&n<3);
```

此处 do-while 循环的结束条件是（   ）。

    A．p 的值不等于 12345 并且 n 的值小于 3

    B．p 的值等于 12345 并且 n 的值大于等于 3

    C．p 的值不等于 12345 或者 n 的值小于 3

    D．p 的值等于 12345 或者 n 的值大于等于 3

答：D

（10）以下程序中，while 循环的循环次数是（   ）。

```
#include <stdio.h>
void  main( )
{ int i=0;
  while(i<10)
   { if(i<1) continue;
     if(i==5) break;
     i++;}
   ...
}
```

    A．1   B．10

    C．6   D．死循环，不能确定次数

答：D

（11）以下程序的输出结果是（   ）。

```
#include <stdio.h>
void  main( )
{ int a=0,i;
  for(i=1;i<5;i++)
  { switch(i)
    { case 0: case 3:a+=2;
      case 1: case 2:a+=3;
      default:a+=5;  }
  }
  printf("%d\n",a);
```

```
}
```

　　A. 31　　　　　　B. 13　　　　　　C. 10　　　　　　D. 20

答：A

（12）以下程序的输出结果是（　　）。

```
#include <stdio.h>
void main( )
{ int i=0,a=0;
  while(i<20)
   { for(;;)
      { if((i%10)==0) break;
        else i—;}
     i+=11; a+=i;
    }
  printf("%d\n",a);
 }
```

　　A. 21　　　　　　B. 32　　　　　　C. 33　　　　　　D. 11

答：B

2. 阅读程序写结果

（1）x=y=0;

```
while(x<15) y++,x+=++y;
printf("%d,%d",y,x);
```

答：8，20

说明：y++,x+=++y;是一个逗号表达式语句，首先计算 y++，然后计算 x+=++y。

（2）#include<stdio.h>

```
void main( )
{ int c=0;
  while(c<=2)
  { c++;
    printf("%d,",c); }
}
```

答：1,2,3,

（3）输入 2473<Enter>,下面程序的运行结果是（　　）。

```
#include<stdio.h>
void main( )
{ int c;
  while((c=getchar( ))!='\n')
  switch(c-'2')
  {case 0:
   case 1:putchar(c+4);
   case 2:putchar(c+4);break;
   case 3:putchar(c+3);
   default:putchar(c+2);break; }
  printf("\n");
}
```

答：668977

说明：第一次函数 getchar( )从键盘读取字符 2，变量 c 的值为字符 2，因此 c–'2'的值为 0，执行 case 0: 后面的语句 putchar(c+4);和 putchar(c+4);，执行 break; 语句后，switch 语句执行结束。此次输出字符 66。

（4）int x=3;
```
do{ printf("%d\n",x-=2); }while(!(--x));
```
答：1

　　-2

（5）for(y=1;y<10;) y=((x=3*y,x+1),x-1);
```
printf("x=%d,y=%d",x,y);
```
答：x=15,y=14

说明：

执行完第 1 次循环后 x=3　　　y=2

执行完第 2 次循环后 x=6　　　y=5

执行完第 3 次循环后 x=15　　y=14

（6）#include<stdio.h>
```
void main( )
{ int a,b;
  for(a=1,b=1;a<=100;a++)
  { if(b>=20) break;
    if(b%3==1){ b+=3; continue; }
    b-=5;}
  printf("%d\n",a);
}
```
答：8

（7）#include<stdio.h>
```
void main( )
{ int k=0;char c='A';
  do {switch(c++)
      {case 'A':k++;break;
       case 'B':k--;
       case 'C':k+=2;break;
       case 'D':k=k%2;continue;
       case 'E':k=k*10;break;
       default:k=k/3;
      }
      k++;
    } while(c<'G');
  printf("k=%d\n",k);
}
```
答：k=4

说明：

第 1 次循环执行前 c='A', k=0，循环执行后　　　c='B',k=2

第 2 次循环执行后　　　c='C',k=4

第 3 次循环执行后　　　c='D',k=7

第 4 次循环执行后　　　c='E',k=1

第 5 次循环执行后　　　c='F',k=11

第 6 次循环执行后　　　c='G',k=4

（8）#include<stdio.h>
```
void main( )
```

```
{int i,j,a=0;
 for( i=0;i<2;i++)
 { for(j=0;j<4;j++)
     { if(j%2) break;
        a++; }
   a++;}
 printf("%d\n",a);
}
```

答：4

（9）
```
#include<stdio.h>
void main( )
{ int i,x,y;
  i=x=y=0;
  do{++i;
     if(i%2!=0){x=x+i;i++;}
     y=y+i++;
     }while(i<=7);
  printf("x=%d,y=%d\n",x,y);
}
```

答：x=1,y=20

（10）请读程序：
```
#include <stdio.h>
#include <math.h>
void main( )
{ float x, y, z;
  scanf("%f%f", &x, &y);
  z = x / y;
  while(1)
  {   if (fabs(z) > 1.0){ x = y; y = z; z = x / y;}
      else break;  }
  printf("%f\n", y);
}
```

若运行时从键盘上输入 3.6 2.4<Enter>，则输出结果是（　　）。

答：1.600000

（11）
```
int n=10;
while(n>7)
{ n—;
  printf("%d  ",n);}
```

答：9　8　7

（12）
```
#include "stdio.h"
void main( )
{ int x=3,y=6,a=0;
    while (x++!=(y-=1))
      {a+=1;
        if(y<x)break; }
    printf("x=%d,y=%d,a=%d\n",x,y,a);
}
```

答：x=5,y=4,a=1

（13）
```
#include "stdio.h"
void main( )
```

```
        {int x=2;
        while(x—);
        printf("%d\n",x);
        }
```

答：-1

说明：循环 while(x—);的循环体为一条空语句。当 x 为 0 时，循环结束，执行 x—后，x 的值为-1。

（14）
```
#include "stdio.h"
    void main( )
    { int i,j,m=0,n=0;
      for(i=0;i<2;i++)
        for(j=0;j<2;j++)
        if(j>=i)m=1;n++;
    printf("%d\n",n); }
```

答：1

说明：语句 n++;并不在循环体内。循环体仅包含语句 if(j>=i)m=1;。

（15）
```
#include <stdio.h>
    void main( )
    { int x=3;
      do {printf("%d \n",x-=2);
        } while(!(—x));
    }
```

答：1 -2

说明：第一次执行输出函数 printf("%d\n",x-=2);时，赋值表达式 x-=2 的值为 1，输出 1，当计算!(—x)时，表达式—x 和变量 x 的值均为 0，表达式!(—x)的值为真，再次执行循环。赋值表达式 x-=2 的值为-2，输出-2，当计算!(—x)时，表达式—x 和变量 x 的值均为-3，表达式!(—x)的值为假，循环结束。

（16）
```
#include <stdio.h>
    void main( )
    { int y=9;
      for(; y>0;y—)
      {if(y%3==0)
        { printf("%d",—y);continue;}
      }
    }
```

答：852

（17）
```
int x = 23
    do{ printf ("%2d", x—);}
    while(!x);
```

答：23

（18）
```
int i = 0, sum = 1;
    do{ sum += i++;} while(i < 6);
    printf("%d\n", sum);
```

答：16

（19）
```
#include <stdio.h>
    void main( )
    {int num = 0;
```

```
        while(num <= 2)
        { num++; printf("%d  ",num);}
    }
```

答：1 2 3

（20）
```
#include <stdio.h>
void main( )
{ int x=15;
 while(x>10 && x<50)
  { x++;
    if(x/3){x++;break;}
    else continue;}
 printf("%d\n",x);
}
```

答：17

3. 填空题

（1）求两个正整数的最大公约数，请填空。
```
#include<stdio.h>
void main( )
{int r,m,n;
 scanf("%d%d",&m,&n);
 r=m%n;
 while(r) {m=n;n=r;r=__【  】__;}          /*填空*/
 printf("%d\n",n);
}
```

答：m%n

说明：辗转相除法求两个正整数的最大公约数。

（2）下面程序的功能是：计算 1 到 10 之间的奇数之和及偶数之和，请填空。
```
#include "stdio.h"
void main( )
{ int a,b,c,i;
  a=c=0;
  for(i=0;i<=10;i+=2)
    { a+=i;
      __【  】__;  /*填空*/
      c+=b; }
  printf(" ou shu he =%d\n",a);
  printf(" ji shu he =%d\n",c-11);
}
```

答：b=i+1

（3）下面程序的功能是：输出 100 以内能被 3 整除且个位数为 6 的所有整数，请填空。
```
#include "stdio.h"
void main( )
{ int i,j;
 for(i=0; __【1】__ ; i++)        /*填空*/
   {j=i*10+6;
    if( __【2】__ )continue;      /*填空*/
    printf("%d",j); }
}
```

答：【1】 i<=9

【2】 j%3!=0

（4）以下程序的功能是：从键盘上输入若干个学生的成绩，统计并输出最高成绩和最低成绩，当输入负数时结束输入。请填空。

```
#include "stdio.h"
void main( )
{float x,amax,amin;
 scanf("%f",&x);
 amax=x; amin=x;
 while  【1】                /*填空*/
 {if (x>amax)  amax=x;
  if  【2】      amin=x;      /*填空*/
  scanf("%f",&x); }
 printf("\namax=%f\namin=%f\n",amax,amin);
 }
```

答：【1】 (x>=0)

【2】 (x<amin)

（5）若 i, j 已定义为 int 类型，则以下程序段中内循环总执行次数是 【   】。

```
for (i=5;i;i—)
 for (j=0;j<4;j++){…}
```

答：20

2.6 函　　数

2.6.1　要点指导

1．C 语言源程序的构成、main 函数和其他函数

一个 C 程序由若干个文件构成；每个文件由若干函数构成。每个 C 语言程序都是由若干个函数组成的，这其中包含一个"主函数"main( )和其他函数。其他函数包括用户编写的函数和 C 语言本身提供的标准库函数。程序的运行总是从 main( )函数开始执行。函数是 C 程序的基本单位。

2．函数的组成

每个函数是由函数说明部分和函数体两部分组成的。函数的说明部分包括函数名、函数的形式参数、函数的值的类型等。函数体是由大括号{ }括起的部分，由变量定义和执行部分组成。函数的执行部分是由 C 语句组成的。这些 C 语句是按照结构组合起来的，这些结构有 3 类即顺序结构、选择结构和循环结构。结构之间可以并列和嵌套。

3．函数定义

```
类型标识符   函数名（形式参数）
{
 说明部分
 语句
}
```

4．函数参数和函数的值

（1）形式参数和实际参数。

实际参数—————→形式参数

（常量、变量、表达式）　　　　　　　（变量）

实参与形参类型一致，单向值传递

（2）函数的返回值。

return 语句可以有如下形式：

```
return z;
return(x>y?x:y);
```

函数值的类型可以有如下形式：

```
int   max(x,y)
char  letter(c1,c2)
double min(x,y)
void  printstar( )
```

5. 函数的调用格式

函数名（实际参数），可以有如下形式：

```
printstar( );
c=max(a,b);
d=max(max(a,b),c);
printf("%d",max(a,b));
```

6. 函数的嵌套调用

函数嵌套执行过程。

7. 函数的递归调用

```
float  factor(int n)
{ float f;
   if(n==1) f=1;
   else f=factor(n-1) *n;
   return(f);
}
```

8. 局部变量和全局变量

（1）局部变量。在一个函数内部定义的变量，它只在本函数内有效。

（2）全局变量。在函数外定义的变量称为外部变量。其有效范围为：从定义变量的位置开始到本文件结束。

9. 动态存储变量和静态存储变量

（1）从变量的作用域（即从空间）角度来分，可分为全局变量和局部变量。

从变量的时间（即生存期）角度来分，可分为静态存储变量和动态存储变量。

每一个变量和函数有 2 个属性：数据类型和数据的存储类别。

存储方法分为 2 大类：静态存储类和动态存储类。主要有：

自动的（auto），静态的（static）。

（2）局部变量的存储方式：

```
auto
static
```

（3）全局变量的存储方式：

```
int a;          extern a;
static int a;
```

2.6.2 同步练习

1. 选择题

（1）以下函数调用语句中含有（   ）个实参。

```
func((exp1,exp2),(exp3,exp4,exp5));
```

A. 1   B. 2   C. 4   D. 5

答：B

说明：(exp1,exp2)和(exp3,exp4,exp5)均是逗号表达式，各是一个参数。

（2）C 语言规定，程序中各函数之间（   ）。

A. 既允许直接递归调用也允许间接递归调用

B. 不允许直接递归调用也不允许间接递归调用

C. 允许直接递归调用不允许间接递归调用

D. 不允许直接递归调用允许间接递归调用

答：A

（3）有以下程序：

```
#include <stdio.h>
int a=3;
void main( )
{int s=0;
{int a=5; s+=a++; }
 s+=a++;printf("%d\n",s);
}
```

程序运行后的输出结果是（   ）。

A. 8   B. 10   C. 7   D. 11

答：A

（4）有以下程序：

```
#include <stdio.h>
float fun(int x, int y)
{ return(x+y); }
void main( )
{ int a=2,b=5,c=8;
printf("%3.0f\n",fun((int)fun(a+c,b),a-c));
}
```

程序运行后的输出结果是（   ）。

A. 编译出错   B. 9   C. 21   D. 9.0

答：B

（5）以下程序的输出结果是（   ）。

```
#include <stdio.h>
int f( )
{ static int i=0;
 int s=1;
 s+=i; i++;
 return s;
}
void main( )
{ int i,a=0;
```

```
    for(i=0;i<5;i++) a+=f( );
    printf("%d\n",a);
    }
```

　　A. 20　　　　　　　B. 24　　　　　　　C. 25　　　　　　　D. 15

答：D

2．阅读程序写结果

（1）
```
#include<stdio.h>
    void main( )
    { void fun(int i,int j);
     int i=2,x=5,j=7;
     fun(j,6);
     printf("i=%d,j=%d,x=%d\n",i,j,x);
    }
    void fun(int i,int j)
    { int x=7;
     printf("i=%d,j=%d,x=%d\n",i,j,x);
    }
```

答：i=7,j=6,x=7

　　　i=2,j=7,x=5

说明：在执行函数 fun 时，fun 函数中的局部变量 i，j，x 的值分别为 7，6，7。在执行函数 main 时，main 函数中的局部变量 i，j，x 的值分别为 2，7，5。

（2）
```
#include<stdio.h>
    void main( )
    { void ming( );
     ming( );        ming( );        ming( );
    }
    void ming( )
    { int x=0;
     x+=1;
     printf("%d",x);
    }
```

答：111

（3）
```
#include <stdio.h>
    unsigned fun (unsigned num)
    {unsigned k=1;
    do { k*=num%10;
        num/=10;
       }while (num);
    return(k);
    }
    void main( )
    {unsigned n=26;
    printf("%d\n",fun (n));
    }
```

答：12

说明：将变量 num 的值的各位相乘。

（4）
```
#include <stdio.h>
    void main( )
    { int f(int a,int b);
```

```
    int i = 2, p;
    p = f(i, i+1);
    printf("%d", p);
}
int f(int a,int b)
{ int c;
  c = a;
  if (a > b) c = 1;
  else if (a == b) c = 0;
  else c = -1;
  return (c);
}
```

答：-1

（5）
```
#include <stdio.h>
int func(int a, int b)
{ int c;
  c = a + b;
  return c;
}
void main( )
{ int x = 6, y = 7, z = 8, r;
  r = func((x--,y++,x+y),z--);
  printf("%d\n",r);
}
```

上面程序的输出结果是（　　　）。

答：21

说明：逗号表达式(x—,y++,x+y)的值是 13, 算术表达式 z—的值为 8, 函数 func 的值为 13+8。

（6）
```
#include <stdio.h>
void fun(int x,int y)
{ x=x+y;y=x-y;x=x-y;
  printf("%d,%d,",x,y); }
void main( )
{ int x=2,y=3;
  fun(x,y);
  printf("%d,%d\n",x,y);
}
```

答：3, 2, 2, 3

（7）
```
#include<stdio.h>
void num( )
{ extern int x,y;
  int a=15,b=10;
  x=a-b;
  y=a+b;
}
int x,y;
void main( )
{ int a=7,b=5;
  x=a+b;
  y=a-b;
  num( );
  printf("%d,%d\n",x,y);
```

```
}
```

答：5，25

说明：因为 x 和 y 是全局变量，它们的有效范围是从定义点开始到本文件尾，但是在定义点前的函数 num 中对它们进行了说明，即 extern int x,y;，因此变量 x 和 y 在函数 num 中也有效。而函数 main 中的局部变量 a 和 b 与函数 num 中的局部变量互不相干。

（8）
```
#include<stdio.h>
   void main( )
   { int a=2,i;
     int f(int a);
     for(i=0;i<3;i++)printf("%3d",f(a));
   }
   int f(int a)
   { int b=0; static int c=3;
     b++;c++;
     return(a+b+c);
   }
```

答：7　8　9

说明：在函数 f 中变量 c 为静态存储类型，在编译时就分配了存储单元并且赋了初值 3，在整个程序的运行过程中变量 c 始终存在，但只有在运行函数 f 时变量 c 才有效。而变量 b 只有在开始运行函数 f 时才分配内存单元，并且语句 int b=0;相当于 int b; b=0;，当函数 f 运行结束时，变量 b 的存储单元又被收回，即变量 b 只有在运行函数 f 时才存在。综上所述，调用函数 f 3 次返回的函数值分别为 2+1+4，2+1+5，2+1+6。

（9）
```
#include<stdio.h>
   long fib(int g)
   { switch(g)
      { case 0: return 0;
        case 1: case 2: return 1;} .
     return(fib(g-1)+fib(g-2));
   }
   void main( )
   { long k;
     k=fib(7);
     printf("k=%d\n",k);
   }
```

答：k=13

说明：

函数递归调用实现函数 fib：

fib(g)=0	当 g=0 时
fib(g)=1	当 g=1 时
fib(g)=1	当 g=2 时
fib(g)=fib(g-1)+fib(g-2)	当 g≥3 时

即计算 Fibonacci 数列函数。

（10）
```
#include<stdio.h>
   int fun(int x)
   { static int a=3;
     a+=x;
     return(a);
```

```
    }
    void main( )
    { int k=2,m=1,n;
      n=fun(k);
      m=fun(m);
      printf("%d%d",n,m);
    }
```

答：56

（11）
```
#include <stdio.h>
    int m=13;
    int fun(int x,int y)
    { int m=3;
      return(x*y-m);
    }
    void main( )
    { int a=7,b=5;
      printf("%d\n",fun(a,b)/m);
    }
```

答：2

说明：虽然全局变量 m 的有效范围是从定义点到文件尾，但是在函数 fun 中又定义了局部变量 m，因此在函数 fun 中其局部变量 m 有效，而在函数 main 中全局变量 m 有效，结果为（7*5-3）/13。

（12）
```
#include <stdio.h>
    long fun5(int n)
    { long s;
        if ((n==1)||(n==2))
            s=2;
        else
            s=n+fun5(n-1);
        return(s);
    }
    void main( )
    { long x;
        x=fun5(4);
        printf("%ld\n",x);
    }
```

答：9

说明：函数递归调用。

（13）
```
#include <stdio.h>
    int d=1;
    void fun(int p)
    { int d=5;
      d+=p++;
      printf("%d\n",d);
    }
    void main( )
    { int a=3;
      fun(a);
      d+=a++;
      printf("%d\n",d);
    }
```

答：8

4

说明：在函数 fun 中局部变量 d 起作用；在函数 main 中全局变量 d 起作用。

（14）
```
#include <stdio.h>
void main( )
{ int func(int a,int b);
  int k=4,m=1,p;
  p=func(k,m);
  printf("%d,",p);
  p=func(k,m);
  printf("%d\n",p);
 }
int func(int a,int b)
{ static int m=0,i=2;
  i+=m+1;
  m=m+1;
  m=i+a+b;
  return(m);
 }
```

答：8，17

（15）
```
#include <stdio.h>
int w=3;
void main( )
{ int w=10;
  printf("%d\n",fun(5) *w);
}
int fun (int k)
{ if (k==0) return w;
  return (fun(k-1) *k);
 }
```

答：3600

说明：在函数 main 中局部变量 w 起作用；在函数 fun 中全局变量 w 起作用。

函数 fun 的值是 w*k!,这里 w 的值为 3。

表达式中 fun(5) *w 的值为 3*5*4*3*2*1*10。

（16）
```
#include <stdio.h>
void fun( )
{ static int a=0;
  a+=2; printf("%d",a);
}
void main( )
{ int cc;
  for(cc=1;cc<4;cc++) fun( );
  printf("\n");
 }
```

答：246

（17）
```
#include <stdio.h>
int x=5,y=7;
int ming(int x,int y)
{ int z;
  z=x+y;
  return(z);
```

```
}
void main( )
{ int a=4,b=5,c;
  c=ming(a,b);
  printf("X+Y=%d\n",c);
}
```

答：X+Y=9

（18）
```
#include <stdio.h>
int fun3(int x)
{ static int a=3;
  a+=x;
  return(a);
}
void main( )
{ int k=2,m=1,n;
  n=fun3(k);
  n=fun3(m);
  printf("%d\n",n);
}
```

答：6

（19）
```
#include <stdio.h>
#define MAX_COUNT 4
void main( )
{ void fun( );
  int count;
  for(count = 1; count <= MAX_COUNT; count++) fun( );
}
void fun( )
{ static int i;
  i += 2; printf("%d", i);
}
```

上述程序的输出结果是（   ）。

答：2468

说明：不带参数的宏定义：#define   宏名   字符串

在编译之前，将宏名替换成字符串。

（20）
```
#include <stdio.h>
void fl( )
{ int x=1;
  static int y=2;
  x++;  y++;
  printf("%d,%d\n",x,y);
}
void main( )
{ fl( );  fl( );
}
```

答：2，3

　　2，4

3. 填空题

（1）以下函数的功能是计算 $s=1+1/2!+1/3!+\cdots+1/n!$，请填空。

```
double fun(int n)
{ double s=0.0,fac=1.0; int i;
```

```
for(i=1,i<=n;i++)
{ fac=fac _____【　】_____ ;
  s=s+fac;
}
return s;
}
```

答：/i

（2）函数 fun 的功能是：根据以下公式求 p 的值，结果由函数值返回。m 与 n 为两个正数且要求 m>n。

$$P = \frac{m!}{n!(m-n)!}$$

例如：m=12，n=8 时，运行结果应该是 495.000000。请在题目的空白处填写适当的程序语句，将该程序补充完整。

```
#include <conio.h>
#include <stdio.h>
float fun (int m, int n)
{ int i;
  double p=1.0;
  for(i=1;i<=m;i++)  【1】 ;
  for(i=1;i<=n;i++)  【2】 ;
  for(i=1;i<=m-n;i++)p=p/i;
  return p;}
void main( )
{ clrscr( );
printf("p=%f\n",fun (12,8));}
```

答：【1】(p=p*i)

　　【2】(p=p/i);

（3）请将以下程序中的函数声明语句补充完整。

```
#include <stdio.h>
int _【　】_;
void main( )
{ int x,y,( *p)( );
  p=max;
  printf("&d\n",&x,&y);
}
int max(int a,int b)
{return (a>b?a:b);}
```

答：max (int a,int b)

　　或　max (int,int)

2.7　数　　组

2.7.1　要点指导

C 语言中基本类型数据：整型、字符型、实型。

构造类型数据：数组、结构体。

1.　一维数组的定义和使用

（1）数组定义格式：

类型说明符　数组名[常量表达式];

例如：

int a[10];

数组 a 有 10 个元素，即 a[0],a[1],a[2],a[3],a[4],a[5],a[6],a[7],a[8],a[9]

（2）使用数组元素：数组名[下标]

例如：

a[1]、a[i]、a[2*i–1]

（3）一维数组的初始化。

2.　二维数组的定义和使用

（1）数组定义格式：类型说明符　数组名[常量表达式] [常量表达式];

例如：

float a[3][4];

数组 a 有 12 个元素，即 a[0][0]　　a[0][1]　　a[0][2]　　a[0][3]

　　　　　　　　　　　　　a[1][0]　　a[1][1]　　a[1][2]　　a[1][3]

　　　　　　　　　　　　　a[2][0]　　a[2][1]　　a[2][2]　　a[2][3]

二维数组 a[3][4]可以理解为是由一维数组 a[0]，a[1]，a[2]组成的，而这个一维数组中的每个元素，例如 a[0]又是一个一维数组，由 a[0][0]，a[0][1]，a[0][2]，a[0][3]组成。

（2）使用数组元素：数组名[下标] [下标]

例如：

a[0][0]、a[i][j]

（3）初始化。static　int　　a[3][4]={1,2,3,4,5,6,7,8,9,10,11,12};

　　　　　　　　static　int　　a[3][4]={{1,2,3,4},{5,6,7,8},{9,10,11,12}};

　　　　　　　　static　int　　a[3][4]={{1},{},{5,6}}

　　　　　　　　static　int　　a[ ][4]={{1,2,3,4},{5,6,7,8},{9,10,11,12}};

3.　字符数组

（1）定义：char　　c[10];

　　　　　　　c[0]='I'; c[1]=' '; c[2]='a'; c[3]='m'; c[4]=' ';

　　　　　　　c[5]='h'; c[6]='a'; c[7]='p'; c[8]='p'; c[9]='y';

　　　　　　　static　char　c[10]={ 'I', ' ', 'a', 'm', ' ', 'h', 'a', 'p', 'p', 'y'};

　　　　　　　static　char　c[　]={ 'I', ' ', 'a', 'm', ' ', 'h', 'a', 'p', 'p', 'y'};

（2）引用。

（3）字符串和字符串结束标志。

　　　字符串结束标志为'\0'。

```
static char[ ]={"I am happy"};
static char[ ] = "I am happy";
static char[11]= "I am happy";
static char[10]= "China";
```

（4）字符数组的输入输出。

```
static char c[10]= "China";
```

```
printf("%s",c);
for(i=0;i<10;i++) printf("%c",c[i]);
scanf("%s",c);      数组名即数组的首地址
```

（5）字符串处理函数。

```
char str[10];
puts(str);
gets(str);
    strlen(str);
char str1[20],str2[10];
strcat(str1,str2);
strcpy(str1,str2);
strcpy(str1,"China");
strcmp(str1,str2);
```

2.7.2   同步练习

1. 选择题

（1）下面程序的输出结果是（　　　）。

```
#include <stdio.h>
void main( )
{ int fun(int);
  int t=1;
  fun(fun(t));
}
int fun(int h)
{static int a[3]={1,2,3};
    int k;
    for (k=0;k<3;k++)a[k]+=a[k]-h;
    for (k=0;k<3;k++)printf("%d,",a[k]);
    printf("\n");return(a[h]);
}
```

A. 1,3,5,　　　　　B. 1,3,5,　　　　　C. 1,3,5,　　　　　D. 1,3,5,

　　1,5,9,　　　　　　　1,3,5,　　　　　　　0,4,8,　　　　　　　−1,3,7,

答：D

（2）以下程序中函数 sort 的功能是对 a 所指数组中的数据进行由大到小的排序。

```
#include <stdio.h>
void sort(int a[ ],int n)
{ int i,j,t;
  for(i=0;i<n-1;i++)
  for(j=i+1;j<n;j++)
  if(a[i]<a[j]) {t=a[i];a[i]=a[j];a[j]=t;}
}
void main( )
{ int aa[10]={1,2,3,4,5,6,7,8,9,10},i;
  sort(&aa[3],5);
  for(i=0;i<10;i++) printf("%d,",aa[i]);
  printf("\n");
}
```

程序运行后的输出结果是（　　　）。

A. 1,2,3,4,5,6,7,8,9,10　　　　　　　　B. 10,9,8,7,6,5,4,3,2,1,

C. 1,2,3,8,7,6,5,4,9,10,　　　　　　　　D. 1,2,10,9,8,7,6,5,4,3

答：C

（3）以下程序中函数 reverse 的功能是将 a 所指数组中的内容进行逆置。

```
#include <stdio.h>
void reverse(int a[ ],int n)
{ int i,t;
  for(i=0;i<n/2;i++)
     { t=a[i]; a[i]=a[n-1-i];a[n-1-i]=t;}
}
void main( )
{ int b[10]={1,2,3,4,5,6,7,8,9,10};
  int i,s=0;
  reverse(b,8);
  for(i=6;i<10;i++) s+=b[i];
  printf("%d\n",s);
}
```

程序运行后的输出结果是（　　　）。

A. 22 　　　　　　B. 10 　　　　　　C. 34 　　　　　　D. 30

答：A

（4）以下程序中函数 f 的功能是将 n 个字符串按由大到小的顺序进行排序。

```
#include <string.h>
#include <stdio.h>
void f(char p[ ][10],int n)
{ char t[20]; int i,j;
  for(i=0;i<n-1;i++)
  for(j=i+1;j<n;j++)
    if(strcmp(p[i],p[j])<0)
       { strcpy(t,p[i]);strcpy(p[i],p[j]);strcpy(p[j],t);}
 }
void main( )
{ char p[ ][10]={"abc","aabdfg","abbd","dcdbe","cd"};
  f(p,5); printf("%d\n",strlen(p[0]));
}
```

程序运行后的输出结果是（　　　）。

A. 6 　　　　　　B. 4 　　　　　　C. 5 　　　　　　D. 3

答：C

（5）对一维数组 a 的正确说明是（　　　）。

A. int a(10); 　　　　　　B. int n=10,a[n];

C. int n; 　　　　　　　　D. #define SIZE 10
　 scanf("%d",&n); 　　　　　 int a[SIZE];
　 int a[n];

答：D

（6）对两个数组 a 和 b 进行如下初始化：

```
char a[ ]="ABCDEF";
char b[ ]={'A','B','C','D','E','F'};
```

则以下叙述正确的是（　　　）。

A. a 与 b 数组完全相同 　　　　B. a 与 b 长度相同

C. a 和 b 中都存放字符串 　　　D. a 数组比 b 数组长度长

答：D

说明：因为数组 a 有 7 个元素，最后 1 个元素 a[6]存放的是字符串的结束标志'\0'。而数组 b 只有 6 个元素。

（7）判断字符串 a 和 b 是否相等应当使用（　　）。

　　A. if(a==b)　　　　B. if(a=b)　　　　C. if(strcpy(a,b))　　　　D. if(strcmp(a,b))

答：D

（8）
```c
#include <stdio.h>
void main( )
{ char w[ ][10]={"ABCD","EFGH","IJKL","MNOP"},k;
  for (k=1;k<3;k++)
      printf("%s\n",&w[k][k]);
}
```

A. ABCD	B. ABCD	C. EFG	D. FGH
FGH	EFG	JK	KL
KL	IJ	O	
	M		

答：D

（9）
```c
#include <stdio.h>
void main( )
{ char a[ ]={'a', 'b', 'c', 'd', 'e', 'f', 'g', 'h', '\0'}; int i,j;
  i=sizeof(a); j=strlen(a);
  printf("%d,%d\b"i,j);
}
```

　　A. 9, 9　　　　B. 8, 9　　　　C. 1, 8　　　　D. 9, 8

答：D

（10）
```c
#include <stdio.h>
void main( )
{ int aa[4][4]={{1,2,3,4},{5,6,7,8},{3,9,10,2},{4,2,9,6}};
  int i,s=0
  for(i=0;i<4;i++) s+=aa[i][1];
  printf("%d\n",s);
}
```

　　A. 11　　　　B. 19　　　　C. 13　　　　D. 20

答：B

（11）
```c
#include <stdio.h>
void main( )
{ char cf[3][5]={"AAAA","BBB","CC"};
  printf("\"%s\"\n",cf[1]);
}
```

　　A. "AAAA"　　　　B. "BBB"　　　　C. "BBBCC"　　　　D. "CC"

答：B

（12）
```c
#include <stdio.h>
void main( )
{ int b[3][3]={0,1,2,0,1,2,0,1,2},i,j,t=1;
  for(i=0;i<3;i++)
  for(j=i;j<=i;j++) t=t+b[i][b[j][j]];
  printf("%d\n",t);
}
```

　　A. 3　　　　B. 4　　　　C. 1　　　　D. 9

答：B

2. 阅读程序写结果

（1）
```c
#include <stdio.h>
#define MAX 5
int a[MAX],k;
fun1( )
{ for (k=0;k<MAX;k++)  a[k]=k+k;
}
fun2( )
{ int a[MAX],k;
  for (k=0;k<MAX;k++)  a[k]=k;
}
fun3( )
{ int k;
  for (k=0;k<MAX;k++) printf("%d",* (a+k));
}
void main( )
{ fun1( );fun3( );fun2( );fun3( );
  printf("\n");
}
```
答：0246802468

说明：函数 fun1 给全局数组 a 赋值；函数 fun2 给其局部数组赋值；函数 fun3 输出全局数组各元素的值。

（2）
```c
#include<stdio.h>
void main( )
{ int fun(int h);
  int t=1; fun(fun(t));
}
int fun(int h)
{ static int a[3]={1,2,3};
  int k;
  for(k=0;k<3;k++) a[k]+=a[k]-h;
  for(k=0;k<3;k++) printf("%d,",a[k]);
  printf("\n");
  return(a[h]);
}
```
答：1,3,5,

    −1,3,7,

（3）
```c
#include <stdio.h>
int f(int b[ ], int n)
{ int i, r;
  r = 1;
  for(i = 0; i <= n; i++) r = r * b[i];
  return r;
}
void main( )
{ int x, a[ ] = {2, 3, 4, 5, 6, 7, 8, 9};
  x = f(a, 3);
  printf("%d\n", x);
}
```
答：120

（4）
```c
#include <stdio.h>
void main( )
{ char arr[2][4];
  strcpy(arr,"you"); strcpy(arr[1],"me");
  arr[0][3]='&';
  printf("%s\n",arr); }
```
答：you&me

（5）若输入 3 个整数 3，2，1，则下面程序的输出结果是（　　　）。
```c
#include <stdio.h>
void sub(int n,int uu[ ])
{ int t;
  t = uu[n--];t += 3*uu[n];
  n++;
  if(t>= 10)
   {uu[n++] = t/10;uu[n]=t%10;}
  else uu[n] = t;
}
void main( )
{ int i,n,aa[10]={0,0,0,0,0,0};
  scanf("%d%d%d",&n,&aa[0],&aa[1]);
  for(i = 1;i <= n; i++) sub(i, aa);
  for(i = 0; i <= n; i++) printf("%d", aa[i]);
  printf("\n");
}
```
答：2727

（6）
```c
#include<stdio.h>
void main( )
{ char ch[7]={"12ab56"};
  int i,s=0;
  for(i=0;ch[i]>='0'&&ch[i]<='9';i+=2)
    s=10*s+ch[i]-'0';
  printf("%d\n",s);
}
```
答：1

（7）运行下面程序时，输入 ab<Enter>
　　　　　　　　　　　c<Enter>
　　　　　　　　　　　def<Enter>

运行结果是（　　　）。
```c
#include<stdio.h>
#define N 6
void main( )
{ char c[N];
  int i=0;
  for( ;i<N;c[i]=getchar( ),i++);
  for(i=0;i<N;i++) putchar(c[i]);
}
```
答：ab
　　c
　　d

程序设计基础实验及学习指导

（8）
```c
#include<stdio.h>
void main( )
{ int a[10]={1,2,2,3,4,3,4,5,1,5};
 int n=0,i,j,c,k;
 for(i=0;i<10-n;i++)
 { c=a[i];
  for(j=i+1;j<10-n;j++)
   if(a[j]==c)
    { n++;
     for(k=j;k<10-n;k++)
     a[k]=a[k+1]; }
  }
  for(i=0;i<(10-n);i++)
  printf("%d",a[i]);
 }
```
答：1 2 3 4 5

说明：数组中值相同的元素只保留 1 个。

（9）
```c
#include<stdio.h>
void main( )
{ int num[ ]={6,7,8,9},k,j,b,u=0,m=4,w;
 w=m-1;
 while(u<=w)
 { j=num[u];
  k=2;b=1;
  while(k<=j/2&&b)
  b=j%++k;
  if(b) printf("%d\n",num[u++]);
  else {num[u]=num[w];
    num[w--]=j;
   }
 }
}
```
答：7

（10）
```c
#include <stdio.h>
void main( )
{ int i;
 char a[ ]="Time",b[ ]="Tom";
 for(i=0;a[i]!='\0'&&b[i]!='\0';i++)
 if(a[i]==b[i])
 if(a[i]>='a'&&a[i]<='z')
   printf("%c",a[i]-32);
  else printf("%c",a[i]+32);
 else printf("*");
}
```
答：t*M

（11）
```c
#include<stdio.h>
#define LEN 4
void main( )
{ int j,c;
 char n[2][LEN+1]={"8980","9198"};
 for(j=LEN-1;j>=0;j--)
```

100

```
      {c=n[0][j]+n[1][j]-2*'0';
       n[0][j]=c%10+'0';
       }
    for(j=0;j<=1;j++) puts(n[j]);
 }
```

答：7078
　　9198

（12）
```
#include<stdio.h>
void main( )
{ int i=0;
  char a[ ]="abm", b[ ]="aqid", c[10];
  while(a[i]!='\0'&&b[i]!='\0')
    {if(a[i]>=b[i]) c[i]=a[i]-32;
     else c[i]=b[i]-32;
     ++i;    }
  c[i]='\0';
  puts(c);
 }
```

答：AQM

（13）从键盘输入　girl<Enter>
　　　　　　　　　　boy<Enter>
　　则下面程序的运行结果是（　　　）。
```
#include<stdio.h>
#include<string.h>
void main( )
{ char a[2][80],max;
  int i,j,m=0,n=0,len;
  for(i=0;i<=1;i++) gets(a[i]);
  max=a[0][0];
  for(i=0;i<=1;i++)
    {len=strlen(a[i]);
     for(j=0;j<=len;j++)
      if(a[i][j]>max){ max=a[i][j]; m=i;n=j;}
    }
  printf("%c,%d,%d\n",max,m,n);
 }
```

答：y,1,2

（14）
```
#include<stdio.h>
void main( )
{ int i,k,a[10],p[3];
  k=5;
  for(i=0;i<10;i++) a[i]=i;
  for(i=0;i<3;i++) p[i]=a[i*(i+1)];
  for(i=0;i<3;i++) k+=p[i]*2;
  printf("%d\n",k);
 }
```

答：21

（15）
```
#include<stdio.h>
void main( )
{ int arr[10],i,k=0;
```

```
        for(i=0;i<10;i++)
            arr[i]=i;
        for(i=1;i<4;i++)
            k+=arr[i]+i;
        printf("%d\n",k);
    }
```

答：12

（16）
```
#include<stdio.h>
    void main( )
    { int fun(int a[ ][3]);
      int a[3][3]={1,3,5,7,9,11,13,15,17}; int sum;
      sum=fun(a);
      printf("\nsum=%d\n",sum);
    }
    int fun(int a[ ][3])
    { int i,j,sum=0;
      for(i=0;i<3;i++)
        for(j=0;j<3;j++)
        { a[i][j]=i+j;
          if(i==j)sum=sum+a[i][j];
        }
      return(sum);
    }
```

答：sum=6

说明：在函数 fun 中对数组 a 赋值，数组 a 的 9 个元素的值分别为 $\begin{matrix}0 & 1 & 2\\1 & 2 & 3\\2 & 3 & 4\end{matrix}$，并计算主对角线上各元素的和即 0+2+4。

（17）
```
#include <stdio.h>
    void main( )
    { int n[3],i,j,k;
      for(i=0;i<3;i++)
        n[i]=0;
      k=2;
      for(i=0;i<k;i++)
        for (j=0;j<k;j++)
          n[j]=n[i]+1;
      printf("%d\n",n[1]);
    }
```

答：3

说明：

第 1 次循环执行 n[0]=n[0]+1，结果 n[0]=1；

第 2 次循环执行 n[1]=n[0]+1，结果 n[1]=2；

第 3 次循环执行 n[0]=n[1]+1，结果 n[0]=3；

第 4 次循环执行 n[1]=n[1]+1，结果 n[1]=3。

（18）
```
#include <stdio.h>
    void main( )
    { char s[ ]="abcdef";
      s[3]='\0';
```

```
        printf("%s\n",s);
    }
```

答：abc

3. 填空题

（1）下面的 findmax 函数返回数组 s 中的最大元素的下标，数组元素的个数由 t 传入，请填空。

```
findmax(int s[ ], int t)
{   int k, p;
    for(p = 0, k = p; p < t; p++)
        if(s[p] > s[k] )_____【  】_____;    /*填空*/
    return k;
}
```

答：k=p

（2）如下程序：

```
0   #include "stdio.h"
1   void main( )
2   {
3     int a[3]={0};
4     int i;
5     for(i=0;i<3;i++) scanf("%d",&a[i]);
6     for(i=1;i<4;i++) a[0]=a[0]+a[i];
7     printf("%d\n",a[0]);
8   }
```

第【　】行有错误。

答：6

说明：因为数组 a 共有 3 个元素，即 a[0]、a[1]、a[2]，而第 6 行会出现 a[3]，a[3]的值不确定。

（3）数组 a 包括 10 个整数元素,从 a 中第 2 个元素起，分别将后项减前项之差存入数组 b，并按每行 3 个元素输出数组 b。请填空。

```
#include<stdio.h>
void main( )
{ int a[10],b[10],i;
  for(i=0;    【1】    ;i++)              /*填空*/
   scanf("%d",&a[i]);
  for(i=1;    【2】    ;i++)              /*填空*/
   b[i]=a[i]-a[i-1];
  for(i=1;i<10;i++)
   {printf("%3d",b[i]);
    if(    【3】    )printf("\n");        /*填空*/
   }
}
```

答：【1】i<10

　　【2】i<10

　　【3】i%3==0

（4）用插入法对数组 a 进行降序排列。请填空。

```
#include<stdio.h>
void main( )
{ int a[5]={4,7,2,5,1};
  int i,j,m;
  for(i=1;i<5;i++)
```

```
      {m=a[i];
       j=_____【1】_____ ;            /*填空*/
       while(j>=0&&m>a[j])
       {  _____【2】_____ ;           /*填空*/
          j--;   }
       _____【3】_____ =m;            /*填空*/
      }
    for(i=0;i<5;i++)
     printf("%d",a[i]);
    printf("\n");
  }
```

答：【1】i-1

【2】a[j+1]=a[j]

【3】 a[j+1]

（5）请选出以下语句的输出结果【   】。

```
printf("%d\n",strlen("\t\"\065\xff\n"));
```

答：5

说明：函数 strlen 的功能是计算字符串长度。那么字符串"\t\"\065\xff\n"包含多少个字符呢?

\t 是横向跳格字符；\"是字符；\065 是 ASCII 值为八进制数 065 的字符；\xff 是 ASCII 值为十六进制数 0xff 的字符；\n 是换行字符。该字符串共有 5 个字符。

注意：记住常用的转义字符。

（6）下面 invert 函数的功能是将一个字符串 str 的内容颠倒过来。请填空。

```
#include <stdio.h>
void invert(char str[ ])
{int i,j,____【1】___;                            /*填空*/
    for (i=0,j=strlen(str)___【2】___;i<j;i++,j--)   /*填空*/
    {k=str[i]; str[i]=str[j]; str[j]=k;}
}
```

答：【1】k

【2】-1

（7）下面 fun 函数的功能是将形参 x 的值转换成二进制数，所得二进制数的每一位数放在一维数组中返回，二进制数的最低位放在下标为 0 的元素中，其他依次类推，二进制数的位数由函数值返回。请填空。

```
int fun (int x,int b[ ])
{int k=0,r;
    do
    {  r=x%___【1】__ ;   /*填空*/
       b[k++]=r;
       x/=___【2】__ ;    /*填空*/
    }while(x);
       return(k);
}
```

答：【1】2

【2】2

说明：十进制数变成二进制数的方法是：除以 2 取余数，商再除以 2 取余数……直到商为 0。

2.8　常见算法

略

2.9　结　构　体

2.9.1　要点指导

结构体是一种构造型的数据类型，它把多个数据组合起来形成一个整体，用于描述一个对象的若干方面的属性。

结构体的定义格式：

```
struct 结构体名
{
    类型标识符　成员名1；
    …
    类型标识符　成员名n；
};
```

可以先定义结构体，然后定义结构体变量：

```
struct 结构体名　结构体变量表；
```

也可以定义结构体的同时定义结构体变量：

```
struct 结构体名
{
    类型标识符　成员名1；
    …
    类型标识符　成员名n；
}结构体变量表；
```

2.9.2　同步练习

1. 选择题

（1）根据下面的定义，能打印出字母 M 的语句是（　　　）。

```
struct person{char name[9]; int age;}
struct person class[10]={"John",17,"Paul",19,"Mary",18,"Adam",16};
```

A．printf("%c\n",class[3].name);　　　　　B．printf("%c\n",class[3].name[1]);

C．printf("%c\n",class[2].name[1]);　　　　D．printf("%c\n",class[2].name[0]);

答：D)

（2）若有以下说明，则（　　　）的叙述是正确的（已知 int 占 2 字节）。

```
struct st
{
    int a;
    int b[2];
```

```
}a;
```
A. 结构体变量 a 与结构体成员 a 同名，定义是非法的

B. 程序只在执行到该定义时才为结构体 st 分配存储单元

C. 程序运行时为结构体变量 a 分配 6 字节存储单元

D. 类型名 struct st 可以通过 extern 关键字提前引用

答：C

（3）若有以下结构体定义，选择（   ）赋值是正确的。

```
struct s
 {
  int x;
  int y;
 }vs;
```

A. s.x=10   B. s.vs.x=10

C. struct s va;va.x=10   D. struct s va={10};d

答：C

2. 阅读程序写结果

（1）
```c
#include<stdio.h>
void main( )
{ struct date
  { int year,month,day;
  } today;
 printf("%d\n",sizeof(struct date));
}
```

答：6

说明：输出结构体 date 的大小，结构体中共有 3 个 int 型变量，每个 int 型变量占 2 字节。

（2）
```c
#include<stdio.h>
void main( )
{ struct cmplx{ int x;
         int y;
       } cnum[2]={1,3,2,7};
 printf("%d\n",cnum[0].y/cnum[0].x*cnum[1].x);
}
```

答：6

（3）
```c
#include<stdio.h>
void main( )
{ struct MING{ struct{ int x;
               int y;
             }in;
       int a;
       int b;
     }e;
  e.a=1;e.b=2;
  e.in.x=e.a*e.b;
  e.in.y=e.a+e.b;
  printf("%d,%d",e.in.x,e.in.y);
}
```

答：2,3

（4）
```c
#include<stdio.h>
struct abc
{ int a,b,c; };
void main( )
 { struct abc s[2]={{1,2,3},{4,5,6}};
   int i,t;
   t=s[0].a+s[1].b;
   printf("%d\n",t);
 }
```
答：6

3. 填空题

以下程序用来输出结构体变量 ex 所占存储单元的字节数。请填空。

```c
#include<stdio.h>
struct st
{ char name[20]; double score; };
void main( )
{ struct st ex;
 printf("ex size: %d",sizeof(_____【　】_____)); }
```
答：ex 或者 struct st

2.10　指　　针

2.10.1　要点指导

1. 指针即地址

2. 指针变量的值是地址

这个地址可能是变量、数组、字符串、函数和结构体的地址。

3. 指针变量的说明定义

```c
int i,j
int *pointer_i, *pointer_ j;          /*指针变量的定义*/
pointer_i=&i;
pointer_j=&j;
```

运算符

（1）&　　取地址

（2）*　　　间接访问

注：运算符&　*　++　—　–　!　~　sizeof　(类型)

优先级相同，右结合性

例：理解*pointer_i、&i、&*pointer_i、*&a 的含义。

4. 数组的指针和指向数组的指针变量

数组的名字=数组首地址

```c
int a[10];
int *p;
p=a;  或者 p=&a[0];
p+i  =  a+i  =  a[i]的地址
```

```
*(p+i) = *(a+i) = a[i]
p++     正确
a++     不正确
```

5. 指向多维数组的指针变量

```
int   a[3][4]={{1,3,5,7},{9,11,13,15},{17,19,21,23}};
a  →   a[0] →   a[0][0]   a[0][1]   a[0][2]   a[0][3]
       a[1] →   a[1][0]   a[1][1]   a[1][2]   a[1][3]
       a[2] →   a[2][0]   a[2][1]   a[2][2]   a[2][3]
```

二维数组 a 可以看成由 3 个元素 a[0]，a[1]，a[2]组成的一维数组，而数组中的元素仍然是一维数组。

```
&a[i][j] = a[i]+j = *(a+i)+j
a[i][j] = *( a[i]+j) = *(*(a+i)+j)
int   (*p)[4];   p 指向一个包含 4 个整型变量的一维数组。理解 p++的含义。
```

6. 指向字符串的指针变量

```
static   char   string[ ]="I Love China!";     char   *string="I Love China!";
static   char   string[ ];                      char   *string;
string="I Love China!";   错误                 string="I Love China!";
```

C 语言对字符常量的处理。

例：字符串指针作为函数参数。

```
void  copy_string(char *from, char *to)
{char  *p1, *p2;
p1=from; p2=to;
while((*p2++=*p1++)!='\0');
}
```

字符指针和字符数组的比较。

7. 指向指针的指针

2.10.2 同步练习

1. 选择题

（1）以下正确的程序段是（   ）。

A. `char str[20];`
   `scanf("%s",&str);`

B. `char *p;`
   `scanf("%s", p);`

C. `char str[20];`
   `scanf("%s",&str[2]);`

D. `char str[20], *p=str;`
   `scanf("%s",p[2]);`

答：C

说明：

A．因为数组名 str 就是数组的首地址，因此 str 前面不能再加运算符&。

B．因为指针变量 p 的值不确定，因此把从键盘输入的字符串存放到 p 所指向的位置可能破坏原来的数据。

C．因为 str[2]是字符型变量，&str[2]是地址，把从键盘输入的字符串存放到&str[2]所指向的位置。

D．因为 p[2]是一个字符型变量，因此 p[2]前面应加运算符&。

（2）请选出正确的程序段（　　　　）。

A．`int *p;`

　　`scanf("%d",p);`

　　…

B．`int *s,k;`

　　　`*s=100;`

　　　…

C．`int *s,k;`

　　`char *p,c;`

　　`s=&k;`

　　`p=&c;`

　　`*p='a';`

　　…

D．`int *s,k;`

　　`char *p,c;`

　　　`s=&k;`

　　　`p=&c;`

　　　`s=p;`

　　　`*s=1`

　　　…

答：C

（3）有以下定义，则 p+5 表示（　　　　）。

　　`int a[10], *p=a;`

A．元素 a[5]的地址　　　　　　　　B．元素 a[5]的值

C．元素 a[6]的地址　　　　　　　　D．元素 a[6]的值

答：A

（4）若有以下说明：

　　`int a[10]={1,2,3,4,5,6,7,8,9,10},*p=a;`

　　则数值为 6 的表达式是（　　　　）

A．*p+6　　　　　B．*(p+6)　　　　C．*p+=5　　　　D．p+5

答：C

（5）下面程序输出数组中的最大值，由 s 指针指向该元素。

```
#include <stdio.h>
void main( )
{    int a[10]={6,7,2,9,1,10,5,8,4,3},*p, *s;
     for(p=a,s=a;p-a<10;p++)
        if( _____ ) s=p;
     printf("The max:%d",*s);
}
```

则在 if 语句中的判断表达式应该是（　　　　）。

A．p>s　　　　　B．*p>*s　　　　C．a[p]>a[s]　　　　D．p-a>p-s

答：B

（6）以下程序段给数组所有元素输入数据，请选择正确答案。

```
#include <stdio.h>
void main( )
{ int a[10], i = 0;
   while(i < 10)scanf("%d",_____);
   …
}
```

A．a+(i++)　　　　B．&a[i+1]　　　　C．a+i　　　　D．&a[++i]

答：A

（7）有以下语句：

　　`struct st`

```
{ int n;
  struct st *next;
};
static struct st a[3]={5,&a[1],7,&a[2],9,'\0'},*p;
p=&a[0];
```

则以下表达式的值为 6 的是（   ）。

A. p++->n   B. p->n++

C. (*p).n++   D. ++p->n

答：D

说明：A，B，C 的值均为 5。

（8）设有如下定义：

```
struct sk
{int a; float b; }data , *p;
```

若有 p=&data;，则对 data 中的 a 域的正确引用是（   ）。

A. (*p).data.a   B. (*p).a   C. p->data.a   D. p.data.a

答：B

说明：或者 data.a 或者 p->a

（9）下面程序的输出是（   ）。

```
#include <stdio.h>
#include <string.h>
void main( )
{ char *p1="abc",*p2="ABC",str[50]="xyz";
 strcpy(str+2,strcat(p1,p2));
 printf("%s\n",str);
}
```

A. xyzabcABC   B. zabcABC

C. yzabcABC   D. xyabcABC

答：D

（10）设有如下的程序段：

```
char str[ ] = "Hello";
char * ptr;
ptr = str;
```

执行完上面的程序段, * (ptr + 5)的值为(   )

A. 'o'   B. '\0'   C. 不确定的值   D. 'o'的地址

答：B

（11）
```
#include <stdio.h>
#include <string.h>
void main( )
{char *s1="AbCdEf",*s2="aB";
s1++;s2++;
printf("%d\n",strcmp(s1, s2));
}
```

上面程序的输出结果是（   ）。

A. 正数   B. 负数   C. 0   D. 不确定的值

答：A

（12）设有如下定义：

```
struct sk
{ int a;
 float b;
}data;
int *p;
```

若要使 p 指向 data 中的 a 域，正确的赋值语句是（　　）。

A．p=&a;　　　B．p=data.a;　　　C．p=&data.a;　　　D．*p=data.a;

答：C

（13）以下程序的输出结果是（　　）。

```
#include<stdio.h>
#include<string.h>
void main( )
 { char str[12]={'s','t','r','i','n','g','\0'};
  printf("%d\n",strlen(str));
  }
```

A．6　　　　　B．7　　　　　C．11　　　　　D．12

答：A

（14）不能把字符串 Hello!赋给数组 b 的语句是（　　）。

A．char b[10]={'H','e','l','l','o','!','\0'};

B．char b[10]; b="Hello";

C．char b[10]; strcpy(b,"Hello!");

D．char b[10]="Hello!";

答：B

（15）若有以下说明：

```
int a[12]={1,2,3,4,5,6,7,8,9,10,11,12};
char c='a',g='e';
```

则数值为 4 的表达式是（　　）。

A．a[g–c]　　　　　　　　　B．a[4]

C．a['d'–'c']　　　　　　　D．a['d'–c]

答：D

（16）设有以下语句：

```
char str1[ ]="string",str2[8], *str3, *str4="string";
```

则（　　）不是对库函数 strcpy 的正确调用，此库函数用来复制字符串。

A．strcpy(str1,"HELLO1");　　　　B．strcpy(str2,"HELLO2");

C．strcpy(str3,"HELLO3");　　　　D．strcpy(str4,"HELLO4");

答：C

说明：原因是指针变量 str3 的值不确定，函数 strcpy(str3,"HELLO3")将字符串"HELLO3"复制到位置不确定的空间，可能破坏原来存储在该空间的数据。

（17）sizeof(double)是（　　）。

A．一种函数调用　　　　　　B．一个双精度型表达式

C．一个整型表达式　　　　　D．一个不合法的表达式

答：C

（18）若有说明：int n=2, *p=&n, *q=p;，则以下非法的赋值语句是（　　）。

  A．p=q;   B．*p=*q;   C．n=*q;   D．p=n;

答：D

（19）若有说明语句：int a,b,c, *d=&c;，则能正确从键盘读入 3 个整数分别赋给变量 a、b、c 的语句是（　　）。

  A．scanf("%d%d%d",&a,&b,d);   B．scanf("%d%d%d",&a,&b,&d);

  C．scanf("%d%d%d",a,b,d);   D．scanf("%d%d%d",a,b, *d);

答：A

（20）若定义：int a=511, *b=&a;，则 printf("%d\n",*b);的输出结果为（　　）。

  A．无确定值 B．a 的地址   C．512   D．511

答：D

（21）
```
#include <string.h>
void main( )
{ char *p="abcde\0fghjik\0";
  printf("%d\n",strlen(p));
}
```
程序运行后的输出结果是（　　）。

  A．12   B．15   C．6   D．5

答：D

（22）若有定义：int aa[8];，则以下表达式中不能代表数组元素 aa[1]的地址的是（　　）。

  A．&aa[0]+1 B．&aa[1]   C．&aa[0]++   D．aa+1

答：C

（23）
```
#include <stdio.h>
#include <string.h>
void main( )
{ char b1[8]="abcdefg",b2[8], *pb=b1+3;
  while (--pb>=b1) strcpy(b2,pb);
  printf("%d\n",strlen(b2));
}
```
程序运行后的输出结果是（　　）。

  A．8   B．3

  C．1   D．7

答：D

（24）以下 4 个程序中，不能对两个整型变量的值进行交换的程序是（　　）。

  A．
```
#include<stdio.h>
void main( )
{ int a=10,b=20;
  swap(&a,&b);
  printf("%d%d\n",a,b);
}
void swap(int *p,int *q)
{ int *t,x;
  t=&x;
  *t=*p;*p=*q;*q=*t;
}
```

```
B.  #include <stdio.h>
    void main( )
    { int a=10,b=20;
      swap(&a,&b);
      printf("%d%d\n",a,b);
    }
    void swap(int *p,int *q)
    { int t;
      t=*p;*p=*q;*q=t;
    }

C.  #include <stdio.h>
    void main( )
    { int *a,*b;
      *a=10,*b=20;
      swap(a,b);
      printf("%d%d\n",*a,*b);
    }
    void swap(int *p,int *q)
    { int t;
      t=*p;*p=*q;*q=t;
    }

D.  #include<stdio.h>
    void main( )
    { int a=10,b=20;
      int *x=&a,*y=&b;
      swap(x,y);
      printf("%d%d\n",a,b);
    }
    void swap(int *p,int *q)
    { int t;
      t=*p;*p=*q;*q=t;
    }
```

答：C

（25）
```
#include <stdio.h>
#include <string.h>
void fun(char *s)
{ char a[10];
  strcpy(a, "STRING");
  s = a;
}
void main( )
{ char *p;
  fun(p);
  printf("%s\n", p);
}
```
上面程序的输出结果是（　　）。（_表示空格）

A. STRING____　　　　　　　　B. STRING

C. STRING___　　　　　　　　　D. 不确定的值

答：D

说明：指针变量 p 将值传给指针变量 s 是单向传送，在函数中 s 值改变并不影响实参 p 的值。

在 C 语言中所有的实参到形参的参数传递都是单向的。

（26）有以下程序：

```c
void fun(char *c,int d)
{ *c=*c+1;d=d+1;
  printf("%c,%c,", *c,d);
}
void main( )
{ char a='A',b='a';
  fun(&b,a); printf("%c,%c\n",a,b);
}
```

程序运行后的输出结果是（　　）。

A. B,a,B,a　　　B. a,B,a,B　　　C. A,b,A,b　　　D. b,B,A,b

答：D

（27）
```c
#include <stdio.h>
void ss(char *s,char t)
{ while(*s)
  {if(*s==t) *s=t-'a'+'A';
   s++;}
}
void main( )
{ char str1[100]="abcddfefdbd",c='d';
  ss(str1,c); printf("%s\n",str1);
}
```

程序运行后的输出结果是（　　）。

A. ABCDDEFEDBD　　　　　B. abcDDfefDbD

C. abcAAfefAbA　　　　　D. Abcddfefdbd

答：B

（28）以下程序的输出结果是（　　）。

```c
#include <stdio.h>
char cchar(char ch)
{ if(ch>='A'&&ch<='Z') ch=ch-'A'+'a';
  return ch;
}
void main( )
{ char s[ ]="ABC+abc=defDEF",*p=s;
 while(*p)
   { *p=cchar(*p);
     p++;}
 printf("%s\n",s);
}
```

A. abc+ABC=DEFdef　　　　B. abc+abc=defdef

C. abcaABCDEFdef　　　　D. abcabcdefdef

答：B

（29）有以下定义和语句：

```c
#include <stdio.h>
struct student
{ int num;
  int age;
```

```
};
struct student stu[3]={{1001,20},{1002,19},{1003,21}};
void main( )
{ struct student *p;
  p=stu;
  ...
}
```

则不正确的引用是（　　）。

A．(p++)–>num   B．(*p).num

C．p++   D．p=&stu[0].age

答：D

（30）有以下说明和定义语句，则表达式的值为 3 的选项是（　　）。

```
struct s
{ int m;
  struct s *n;
};
static struct s a[3]={1,&a[1],2,&a[2],3,&a[0]}, *ptr;
ptr=&a[1];
```

A．ptr–>m++   B．ptr++–>m

C．*ptr–>m   D．++ptr–>m

答：D

（31）设有以下语句：

```
struct st {int n; struct st *next; };
static struct st a[3]={5,&a[1],7,&a[2],9,'\0'},*p;
p=&a[0];
```

则表达式（　　）的值是6。

A．p++–>n   B．p–>n++   C．(*p).n++   D．++p–>n

答：D

（32）

```
#include "stdio.h"
struct stu
{ char num[10]; float score[3]; };
void main( )
{ struct stu s[3]={{"20021",90,95,85},
{"20022",95,80,75},
{"20023",100,95,90}},*p=s;
int i; float sum=0;
for(i=0;i<3;i++)
sum=sum+p->score[i];
printf("%6.2f\n",sum);
}
```

程序运行后的输出结果是（　　）。

A．260.00   B．270.00   C．280.00   D．285.00

答：B

2．阅读程序写结果

（1）

```
char str[ ]="ABC",*p=str;
printf("%d\n",*(p+3));
```

答：0

说明：因为*(p+3)即 p[3]，其值是字符串的结束标志'\0'即 0。

（2）
```c
#include<stdio.h>
void main( )
{char *s="121";
int k=0,a=0,b=0;
do{ k++;
     if (k%2==0){a=a+s[k] -'0';continue;}
     b=b+s[k]-'0';
        a=a+s[k]-'0';
}while (s[k+1]);
printf("k=%d a=%d b=%d\n",k,a,b);
}
```

答：k=2 a=3 b=2

说明：

第 1 次循环结果是 k=1 a=2 b=2；

第 2 次循环结果是 k=2 a=3 b=2。

（3）
```c
#include <stdio.h>
void main( )
{char ch[2][5]={"6934","8254"},*p[2];
int i,j,s=0;
for(i=0;i<2;i++)  p[i]=ch[i];
for(i=0;i<2;i++)
    for(j=0;p[i][j]>'\0'&&p[i][j]<='9';j+=2)
        s=10*s+p[i][j]-'0';
printf("%d\n",s);
}
```

答：6385

（4）
```c
#include<stdio.h>
void main( )
{ static char a[ ]="Language",b[ ]="programe";
  char *p1,*p2; int k;
  p1=a;p2=b;
  for(k=0;k<=7;k++)
    if(*(p1+k)==*(p2+k))
       printf("%c",*(p1+k));
}
```

答：gae

（5）
```c
#include<stdio.h>
void main( )
{ int a=28,b;
  char s[10],*p;
  p=s;
  do{ b=a%16;
      if(b<10) *p=b+48;
      else *p=b+55;
      p++;
      a=a/5;
    }while(a>0);
```

```
      *p='\0';
      puts(s);
   }
```

答：C51

说明：

将 a 除以 16 取余数，将余数 0,1,2,…,10,11,12,13,14,15 转换成字符'0', '1', '2',…, 'A', 'B', 'C', 'D', 'E', 'F'。

因为 48 是字符'0'的 ASCII 值。又因为 b+55=b−10+65，即将余数为 10，11，12，13，14，15 先减去 10 再加上 65（字符'A'的 ASCII 值），转换成'A', 'B', 'C', 'D', 'E', 'F'。

然后 a 再除以 5 取整。

如果将语句 a=a/5 改为 a=a/16，那么本程序功能是将十进制数转换成十六进制字符串，但是输出时是低位在前，高位在后。

（6）
```
#include<stdio.h>
#include<string.h>
void main( )
{ char *p1,*p2,str[50]="abc";
  p1="abc"; p2="abc";
  strcpy(str+1,strcat(p1,p2));
  printf("%s\n",str);
}
```

答：aabcabc

（7）
```
#include <stdio.h>
void main( )
{ int x[5]={2,4,6,8,10},*p,**pp;
  p=x;
  pp=&p;
  printf("%d,",*(p++));
  printf("%d\n",**pp);
}
```

答：2，4

（8）
```
#include<stdio.h>
void main( )
{ char a[80],b[80],*p="aAbcdDefgGH";
  int i=0,j=0;
  while(*p!='\0')
    { if(*p>='a'&&*p<='z')
          { a[i]=*p;i++;}
      else { b[j]=*p;j++;}
      p++;  }
  a[i]=b[j]='\0';
  puts(a);puts(b);
}
```

答：abcdefg
　　ADGH

（9）
```
#include<stdio.h>
void main( )
{ int va[10],vb[10],*pa,*pb,i;
```

```
       pa=va;pb=vb;
       for(i=0;i<3;i++,pa++,pb++)
         { *pa=i;*pb=2*i;
           printf("%d\t%d\n",*pa,*pb); }
       pa=&va[0];pb=&vb[0];
       for(i=0;i<3;i++)
         { *pa=*pa+i;*pb=*pb*i;
           printf("%d\t%d\n",*pa++,*pb++); }
     }
```

答：0   0
    2   2
    3   4
    0   0
    2   2
    4   8

（10）从键盘上输入   26<Enter>

则下面程序的运行结果是（   ）。

```
#include<stdio.h>
void main( )
{ int b[16],x,k,r,i;
  printf("Enter a integer:\n");
  scanf("%d",&x);
  printf("%6d's binary number is:",x);
  k=-1;
  do{ r=x%2;
     k++;
     *(b+k)=r;
     x/=2;
    } while(x!=0);
  for(i=k;i>=0;i—) printf("%1d",*(b+i));
  printf("\n");
}
```

答：26's binary number is:11010

说明：将十进制数转换成二进制数的字符串形式输出。

（11）
```
#include <stdio.h>
void main( )
{ int a[10]={1,2,3,4,5,6,7,8,9,10},*p=a;
  printf("%d\n",*(p+2));
}
```

答：3

（12）
```
#include <stdio.h>
void main( )
{ int a[]={2,4,6,8,10};
  int y=1,x,*p;
  p=&a[1];
  for(x=0;x<3;x++)
      y+=*(p+x);
  printf("%d\n",y);
}
```

答：19

（13）
```
char b[ ]="ABCDEFG";
char *chp=&b[7];
while (—chp>&b[0])
putchar(*chp);
putchar('\n');
```

答：GFEDCB

（14）
```
#include <stdio.h>
int a,b,c;                          /* 注意此处定义的是全局变量 */
void p(int x,int y,int *z)
{ *z=x+y+*z;                        /* 用指针 z 间接访问的是全局变量 */
  printf("%d %d %d\n",x,y,*z);
}
void main( )
{ a=5;b=8;c=3;
  p(a,b,&c);
  p(7,a+b+c,&a);
  p(a*b,a/b,&c);
}
```

答：

5 8 16

7 29 41

328 5 349

（15）
```
#include <stdio.h>
void sub(int x,int y,int *z)
{ *z = y — x;}
void main( )
{ int a, b, c;
 sub(10, 5, &a); sub(7, a, &b); sub(a, b, &c);
 printf("%d,%d,%d\n",a, b, c);
}
```

答：−5，−12，−7

（16）
```
#include <stdio.h>
void main( )
{ char str1[ ]="how do you do",str2[10];
  char *p1=str1, *p2=str2;
  scanf("%s",p2);
  printf("%s",p2);
  printf("%s\n",p1);
}
```

运行上面的程序，输入字符串 HOW DO YOU DO，则程序的输出结果是（　　）。

答：HOWhow do you do

（17）
```
#include"stdio.h"
void main( )
{ char *s="12134211";
  int v1=0,v2=0,v3=0,v4=0,k;
  for (k=0;s[k];k++)
  switch (s[k])
```

```
        {   default :v4++;
            case '1':v1++;
            case '3':v3++;
            case '2':v2++;
        }
        printf("v1=%d,v2=%d,v3=%d,v4=%d\n",v1,v2,v3,v4);
    }
```

答：v1=5,v2=8,v3=6,v4=1

说明：

因为语句 v4++，v1++，v3++后面没有 break 语句，因此程序会继续运行。如果程序改为：

default :v4++; break;

case '1':v1++; break;

case '3':v3++; break;

case '2':v2++; break;

那么程序输出为：v1=4,v2=2,v3=1,v4=1

（18）
```
#include <stdio.h>
    void fot(int *pl,int *p2)
    { printf("%d,%d\n",* (pl++),++*p2);   }
      int x=971,y=369;
      void main( )
      {fot(&x,&y);
        fot(&x,&y);
    }
```

答：971，370

971，371

（19）
```
#include <stdio.h>
    void main( )
    { char *p="abcdefgh",*r;
      long *q;
      q=(long*)p;
      q++;
      r=(char*)q;
      printf("%s\n",r);
    }
```

答：efgh

（20）
```
#include "stdio.h"
    void main( )
    { int a[3][3], *p, i;
      p=&a[0][0];
      for(i=0;i<9;i++) p[i]=i+1;
      printf("%d\n",a[1][2]); }
```

答：6

a[0][0]=p[0]=1   a[0][1]=p[1]=2   a[0][2]=p[2]=3

a[1][0]=p[3]=4   a[1][1]=p[4]=5   a[1][2]=p[5]=6

a[2][0]=p[6]=7   a[2][1]=p[7]=8   a[2][2]=p[8]=9

（21）
```
#include<string.h>
    #include <stdio.h>
```

```
void main( )
{void fun(char *s);
 char *a="abcdefgh";
 fun(a);puts(a);
 }
void fun(char *s)
{int x=0,y; char c;
for (y=strlen(s) -1;x<y;x++,y—)
{c=s[x];s[x]=s[y];s[y]=c;}
 }
```

答：hgfedcba

说明：函数 fun 是将指针变量 s 指向的字符串倒置。

（22）
```
#include <stdio.h>
    int b=2;
    int func(int *a)
    { b+=*a; return (b);}
    void main( )
    { int a=2,res=2;
      res+=func(&a);
      printf("%d\n",res); }
```

答：6

（23）
```
#include <stdio.h>
    void func( int *a,int b[ ])
    { b[0]= *a+6;}
    void main( )
    { int a, b[5];
      a=0; b[0]=3;
      func(&a,b); printf("%d\n",b[0]);
     }
```

答：6

（24）
```
#include <stdio.h>
    int b=2;
    int func(int *a)
    { b+=*a; return(b); }
    void main()
    { int a=2,res=2;
      res+=func(&b);
      printf("%d\n",res);
     }
```

答：6

（25）
```
#include<stdio.h>
    void xf(char *s)
    { int i,j;
      char *a;
      a=s;
      for(i=0,j=0;a[i]!='\0';i++)
        if(a[i]>='0'&&a[i]<='9')
          {s[j]=a[i];j++;}
      s[j]='\0';
     }
```

```
     void main( )
     { char *ming="a34bc";
       xf(ming);
       printf("\n%s",ming);
     }
```

答：34

说明：将字符串中的数字挑出来。

（26）
```
#include<stdio.h>
#include<string.h>
void fun(char *w,int n)
{ char t, *s1, *s2;
  s1=w; s2=w+n-1;
  while(s1<s2) {t=*s1++;*s1=*s2—;*s2=t;}
}
void main( )
{ char *p;
  p="1234567";
  fun(p,strlen(p));
  puts(p);
}
```

答：1711717

（27）
```
#include<stdio.h>
void main( )
{ int i,k;
  int sub(int *s);
  for(i=0;i<4;i++)
   { k=sub(&i);
     printf("%2d",k); }
   printf("\n");
}
int sub(int *s)
{ static int t=0;
  t=*s+t;
  return t;
}
```

答：0 1 3 6

（28）
```
#include<stdio.h>
#define N 5
int fun(char *s,char a,int n)
{ int j;
 *s=a; j=n;
 while(*s<s[j]) j—;
 return j;
}
void main( )
{ char c[N+1];
 int i;
 for(i=1;i<=N;i++) * (c+i)='A'+i+1;
 printf("%d\n",fun(c,'E',N));
}
```

答：3

（29）从键盘输入　　abcdabcdef<Enter>

　　　　　　　　　　cde<Enter>

则下面程序的运行结果是（　　　）。

```c
#include<stdio.h>
void main( )
{ int fun(char *p, char *q);
  int a; char s[80],t[80];
  gets(s); gets(t);
  a=fun(s,t);
  printf("a=%d\n",a);
}
int fun(char *p, char *q)
{ int i;
  char *p1=p, *q1;
  for(i=0; *p!='\0';p++,i++)
   { p=p1+i;
     if(*p!= *q) continue;
     for(q1=q+1,p=p+1; *p!='\0'&&*q1!='\0';q1++,p++)
        if(*p!= *q1) break;
     if(*q1=='\0') return i;
   }
  return(-1);
}
```

答：a=6

说明：函数 fun 的功能是，如果指针 q 所指的字符串不是指针 p 所指的字符串的子串，那么函数值为−1；如果指针 q 所指的字符串是指针 p 所指的字符串的子串，那么函数值返回第一个子串出现的位置。

（30）
```c
#include<stdio.h>
void fun(int *a,int *b)
{ int *k;
  k=a; a=b; b=k;
}
void main( )
{ int a=3,b=6, *x=&a, *y=&b;
  fun(x,y);
  printf("%d %d",a,b);
}
```

答：3 6

说明：实参 x，y 把值传递给形参 a，b 是单向传递，也就是说形参 a，b 的值发生变化并不影响实参的值。

（31）
```c
#include"string.h"
#include"stdio.h"
int strle(char a[],char b[ ])
{int num=0,n=0;
while (* (a+num)!='\0') num++;
while(b[n]){ * (a+num)=b[n]; num++;n++; }
* (a+num)='\0';
```

```
        return (num);
        }
    void main( )
    {char str1[81],str2[81], *p1=str1, *p2=str2;
     gets(p1);gets(p2);
     printf("%d\n",strle(p1,p2));
    }
```

运行上面的程序,如果从键盘上输入字符串 qwerty 和字符串 abcd,则程序的输出结果是
(   )。

答: 10

说明: 函数 strle 的功能是将字符串 b 连接到字符串 a 的后面,函数值是连接后字符串的长度。

(32) ```
#include <stdio.h>
    void fun(char *a1, char *a2, int n)
    {int k;
    for(k = 0; k < n; k++)
      {a2[k]=(a1[k]-'A'-3+26)%26+'A';
        a2[n]='\0';}
    }
    void main( )
    {char s1[5] = "ABCD", s2[5];
     fun(s1, s2, 4);
     puts(s2);
    }
```

答: XYZA

(33) ```
#include <stdio.h>
    void swap(int *a,int *b)
    {int *t;
     t=a; a=b; b=t;
    }
    void main( )
    {int x=3,y=5, *p=&x, *q=&y;
     swap(p,q);
     printf("%d%d\n",*p, *q);
    }
```

答: 3 5

(34) ```
#include <stdio.h>
    void fun(int *s,int n1,int n2)
    {int i, j, t;
     i = n1; j = n2;
     while(i < j)
       {t = * (s+i); * (s+i) = * (s+j); * (s+j) = t; i++;j—; }
    }
    void main( )
    {int a[10] = {1, 2, 3, 4, 5, 6, 7, 8, 9, 0},i, *p = a;
     fun(p,0,3); fun(p,4,9); fun(p,0,9);
     for(i=0;i<10;i++) printf("%d", * (a+i));
     printf("\n");
    }
```

答: 5678901234
```

（35）
```c
#include <stdio.h>
void main( )
{void sub(int *s,int y);
 int a[ ] = {1, 2, 3, 4}, i;
 int x = 0;
 for(i = 0; i < 4; i++)
  {sub(a, x); printf("%d",x); }
 printf("\n");
}
void sub(int *s,int y)
{static int t = 3;
 y = s[t]; t—;
}
```
答：0000

说明：因为实参 x 单向传递值给形参 y，尽管在函数 sub 中 y 的值发生变化，但函数 main 中 x 的值不改变。

（36）
```c
#include <stdio.h>
char fun(char *c)
{if (*c <= 'Z' && *c >= 'A') *c -= 'A' - 'a';
 return *c;
}
void main( )
{char s[81], *p = s;
 gets(s);
 while(*p)
{*p=fun(p);putchar(*p);p++; }
 putchar('\n');
}
```
程序运行时从键盘上输入 OPEN THE DOOR<Enter>，程序的输出结果是（　　　）。

答：open the door

说明：函数 fun 的功能是将大写字母变成小写字母。

（37）
```c
#include <stdio.h>
void as(int x, int y, int *cp, int *dp)
{ *cp = x + y;
  *dp = x - y;
}
void main( )
{ int a = 4, b = 3, c, d;
as(a, b, &c, &d);
printf("%d %d", c, d);
}
```
答：7　1

（38）
```c
#include <stdio.h>
void prtv(int *x)
{printf("%d\n",++*x); }
void main( )
{int a=25;
prtv(&a);
}
```

答：26

（39）
```c
#include <stdio.h>
void fun(int *n)
{ while((*n) —);
  printf("%d",++(*n));
}
void main( )
{ int a=100;
  fun(&a);
}
```

答：0

（40）
```c
#include <stdio.h>
void main( )
{char *p1, *p2,str[50]="xyz";
p1="abcd";
p2="ABCD";
strcpy(str+2,strcat(p1+2,p2+1));
printf("%s",str);
}
```

答：xycdBCD

（41）
```c
#include<stdio.h>
struct st
    {int x, *y;
    }*p;
int dt[4]={10,20,30,40};
struct st aa[4]={50,&dt[0],60,&dt[1],70,&dt[2],80,&dt[3]};
void main( )
{ p=aa;
  printf("%d\n",++p->x);
  printf("%d\n",(++p)->x);
  printf("%d\n",++(*p->y));
}
```

答：51

60

21

（42）
```c
#include<stdio.h>
struct s{ int a;
        float b;
        char *c;
        }
void main( )
{ static struct s x={19,83.5,"zhang"};
  struct s *px=&x;
  printf("%d,%.1f,%s\n",x.a,x.b,x.c);
  printf("%d,%.1f,%s\n",px->a, (*px).b,px->c);
  printf("%c,%s\n",*px->c-1,&px->c[1]);
}
```

答：19,83.5,zhang

19,83.5,zhang

y,hang

说明：px->c 是字符串"zhang"的首地址，*px->c 的值为字符 z，*px->c-1 的值为字符 y。px->c 是字符串"zhang"的首地址，px->c[1]的值为字符 h，&px->c[1]是字符串"hang"的地址。

3. 填空题

（1）设 char *s="\ta\017bc";，则指针变量 s 指向的字符串所占字节数是【　　】。

答：6

说明：该字符串中共有 5 个字符，分别是'\t', 'a', '\017', 'b', 'c'。

（2）以下程序是先输入数据给数组 a 赋值，然后按照从 a[0]到 a[4]的顺序输出各元素的值，最后再按照从 a[4]到 a[0]的顺序输出各元素的值。请填空。

```
#include<stdio.h>
void main( )
{int a[5];
  int i,*p;
  p=a;
  for(i=0;i<5;i++)
    scanf("%d",p++);
      【1】                     /*填空*/
  for(i=0;i<5;i++,p++)
    printf("%d",*p);
  printf("\n");
      【2】                     /*填空*/
  for(i=4;i>=0;i--,p--)
    printf("%d",*p);
  printf("\n");
}
```

答：【1】p=a;　　或者 p=&a[0];

　　【2】p=a+4; 或者 p=&a[4];

（3）有以下定义和语句：

```
int a[4]={0,1,2,3},*p;
p=&a[2];
```

　　则 *--p 的值是【　　】。

答：1

（4）设有如下函数定义：

```
int f(char *s)
{char *p =s;
while(*p!='\0') p++;
return(p-s);
}
```

如果在主程序中用下面的语句调用上述函数，则输出结果为【　　】。

```
printf("%d\n",f("goodbye!"));
```

答：8

说明：函数 f 的功能是计算字符串的长度。

（5）若有以下定义和语句，则通过指针 p 引用值为 98 的数组元素的表达式是【　　】。

```
int w[10]={23,54,10,33,47,98,72,80,61},*p;
p=w;
```

答：*(p+5)

（6）以下程序的功能是：将无符号八进制数字构成的字符串转换为十进制整数。例如，输入的字符串为 556，则输出十进制数 366。请填空。

```
#include "stdio.h"
void main( )
{ char *p,s[6];
  int n;
  p=s;
  gets(p);
  n=*p-'0';
  while(      【  】   !='\0') n=n*8+*p-'0';        /*填空*/
  printf("%d\n",n);
}
```

答：*++p 或者 *(++p)

（7）下面程序的功能是：将字符数组 a 中下标值为偶数的元素从小到大排列，其他元素不变，请填空。

```
#include "stdio.h"
#include "string.h"
#include <stdio.h>
void main( )
{ char a[ ]="clanguage",t;
  int i,j,k;
  k=strlen(a);
  for(i=0;i<=k-1;i+=2)
    for(j=i+2;j<k;  【1】  )                      /*填空*/
      if(  【2】  ) { t=a[i]; a[i]=a[j]; a[j]=t; }       /*填空*/
  puts(a); printf("\n");
}
```

答：【1】j+=2

【2】a[i]>a[j]

（8）设有如下一段程序：

```
int *var, ab;
ab = 100;
var = &ab;
ab = *var + 10;
```

执行上面的程序段后，ab 的值为【   】。

答：110

（9）设有定义：int n, *k=&n;，以下语句将利用指针变量 k 读写变量 n 中的内容，请将语句补充完整。

```
scanf("%d, "  【1】   );
printf("%d\n",     【2】    );
```

答：【1】k;

【2】*k

（10）下面程序通过函数 average 计算数组中各元素的平均值，请填空。

```
#include <stdio.h>
float average (int *pa ,int n)
{ int i;
```

```
        float avg=0.0;
        for (i=0;i<n;i++)
            avg=avg+ 【1】 ;                    /*填空*/
        avg= 【2】 ;                            /*填空*/
        return avg;
    }
    void main( )
    { int i,a[5]={2,4,6,8,10};
      float mean;
      mean=average(a,5);
      printf("mean=%f\n",mean);
    }
```

答:【1】pa[i]或*(pa+i)

　　【2】avg/n

（11）函数 void fun(float *sn,int n)的功能是：根据以下公式计算 s，计算结果通过形参指针 sn 传回，n 通过形参传入，n 的值大于等于 0。请填空。

s=1-1/3+1/5-1/7+⋯1/(2n+1)

```
    void fun(float *sn,int n)
    { float s=0.0,w,f=-1.0; int i=0;
      for(i=0;i<=n;i++)
       { f= 【1】 *f;                          /*填空*/
         w=f/(2*i+1);
         s+=w;
       }
       【2】 =s;                               /*填空*/
    }
```

答:【1】-1

　　【2】*sn

（12）下面程序的功能是将字符串 b 复制到字符串 a 中，请填空。

```
    #include<stdio.h>
    void s(char *s,char *t)
    { int i=0;
      while( 【1】 ) 【2】 ;                   /*填空*/
    }
    void main( )
    { char a[20],b[10];
      scanf("%s",b);
      s( 【3】 );                              /*填空*/
      puts(a);
    }
```

答:【1】(s[i]=t[i])!='\0'

　　【2】i++;

　　【3】a,b

（13）以下程序调用 findmax 函数求数组中最大的元素在数组中的下标，请填空。

```
    #include<stdio.h>
    void findmax(int *s,int t,int *k)
    { int p;
      for(p=0,*k=p;p<t;p++)
```

```
          if(s[p]>s[*k])  【    】  ;            /*填空*/
     }
     void main( )
     { int a[10],i,k;
       for(i=0;i<10;i++) scanf("%d",&a[i]);
       findmax(a,10,&k);
       printf("%d,%d\n",k,a[k]);
     }
```

答：*k=p

（14）以下函数用来在 w 数组中插入 x，w 数组中的数已按由大到小存放，n 所指向的存储单元中存放数组中数据的个数。插入后数组中的数仍有序。请填空。

```
     void fun (char *w,char x,int *n)
     { int i,p;
       p=0;
       w[*n]=x;
       while (x<w[p])  【1】      ;            /*填空*/
       for (i=*n;i>p;i—) w[i]=  【2】   ;       /*填空*/
       w[p]=x;
       ++*n;
     }
```

答：【1】p++

   【2】w[i−1]

（15）函数 sstrcmp( )的功能是对两个字符串进行比较。当 s 所指字符串和 t 所指字符串相等时，返回值为 0；当 s 所指字符串大于 t 所指字符串时，返回值大于 0；当 s 所指字符串小于 t 所指字符串时，返回值小于 0（功能等同于库函数 strcmp( )）。请填空。

```
     #include <stdio.h>
     int sstrcmp(char *s,char *t)
     { while(*s&&*t&& *s= =  【1】    )
       { s++;t++;}
      return  【2】    ;
     }
```

答：【1】 *t 或者 t[0]

   【2】 *s−*t 或者 s[0] −t[0]

（16）程序填空，以下程序求 a 数组中所有素数的和，函数 isprime 用来判断自变量是否为素数。素数是只能被 1 和本身整除且大于 1 的自然数。

```
     #include <stdio.h>
     void main( )
     {int i,a[10],*p=a,sum=0;
     int isprime(int x);
      printf("Enter 10 num :\n");
      for (i=0;i<10;i++)scanf("%d",&a[i]);
      for(i=0;i<10;i++)
       if (isprime(*(p+ 【1】 ))==1)          /*填空*/
       { printf("%d",*(a+i));
         sum+=*(a+i);
       }
     printf("\n The sum =%d\n",sum);
     }
```

```
int isprime(int x)
{int i;
 for(i=2;i<=x/2;i++)
 if(x%i==0) return(0);
  【2】 ;                                    /*填空*/
 }
```

答:【1】i

　　【2】return(1)

（17）程序填空,以下程序调用 invert 函数按逆序重新放置 a 数组中元素的值。a 数组中元素的值在 main 函数中读入。

```
#include<stdio.h>
#define N 10
void invert(int *s,int i,int j)
{ int t;
 if(i<j)
 {t=*(s+i);
  *(s+i)=*(s+j);
      *(s+j)=t;
  invert(s, 【1】 ,j-1);                /*填空*/
   }
 }
void main( )
{ int a[N],i;
 for (i=0;i<N;i++) scanf("%d",a+ 【2】 );        /*填空*/
 invert(a,0,N-1);
 for (i=0;i<N;i++)  printf("%d",a[i]);
 printf("/n");
 }
```

答:【1】i+1

　　【2】i

（18）下面函数的功能是【　　】。

```
int  fun1(char *x)
{char *y =x;
 while (*y++);
 return(y-x-1);
 }
```

答：计算字符串的长度。

说明：循环 while (*y++);的循环体为一空语句,循环结束时指针 y 指向字符串结束符'\0'的下一个字节,因此 y-x-1 是指针 x 所指向的字符串的长度。

（19）有以下说明定义和语句,可用 a.day 引用结构体成员 day,请写出引用结构体成员 a.day 的其他两种形式【1】,【2】。

```
struct{int day; char mouth; int year;}a,*b;b=&a;
```

答:【1】b->day

　　【2】(*b).day

4. 判断题

设有如下声明:

```
int ival=1024,* iptr;
```

```
float * fptr;
```

判断下列运算的合法性，并说明理由。

运算	参考答案
`ival=*iptr;`	/* 合法，iptr 指向不确定，所以 ival 的值不确定 */
`ival=iptr;`	/* 不合法，指针类型变量不允许与普通变量相互赋值 */
`*iptr=ival;`	/* 合法，但可能会产生问题。iptr 指向不确定，将 1024 赋到随机的存储单元可能造成系统崩溃 */
`iptr=ival;`	/* 不合法，指针类型变量不允许与普通变量相互赋值 */
`*iptr=&ival;`	/* 不合法，*iptr 是间接访问，指某整型变量；&ival 是变量的地址，即变量的指针。指针类型变量不允许与普通变量相互赋值 */
`iptr=&ival;`	/* 合法，使 iptr 指向变量 ival */
`fptr=iptr;`	/* 不合法，不同类型的指针变量不允许相互赋值 */
`fptr=*iptr;`	/* 不合法，*iptr 是间接访问，结果为一整数。指针类型变量不允许与普通变量相互赋值 */

5. 简答题

（1）说明下述几个声明的意义。

声明	参考答案
`int *p;`	/* 定义 p 是指向整型量的指针 */
`int **p;`	/* 定义 p 是指向整型量的指针的指针 */
`int a[ ];`	/* 定义 a 是一个整型数组，但不完整，应在 [ ] 中填入一个整型表达式，以说明数组元素的个数 */
`int a[5];`	/* 定义 a 是一个有 5 个元素的整型数组 */
`int *p[ ];`	/* 定义 p 是一个指针数组，每个元素是一个指向整型量的指针，但不完整，应在 [ ] 中填入一个整型表达式，以说明数组元素的个数 */
`int * (p[ ]);`	/* 同上 */
`int (*p)[ ];`	/* 定义 p 是一个指针，指向一个整型数组，但不完整，应在 [ ] 中填入一个整型表达式，以说明数组元素的个数 */
`int *p[5];`	/* 定义 p 是一个具有 5 个元素的指针数组，每个元素指向一个整型量 */
`int * (p[5]);`	/* 同上 */
`int (*p)[5];`	/* 定义 p 是一个指针，指向一个具有 5 个整型元素的数组 */

（2）说明下列声明的意义。

声明	参考答案
`char s[6]="pascal";`	/* 定义 s 是一个具有 6 个元素的字符数组，各元素分别为：'p'、'a'、's'、'c'、'a'、'l' */
`char s[ ]="pascal";`	/* 定义 s 是一个字符数组，元素个数由字符串"pascal"决定为 7，各元素分别为：'p'、'a'、's'、'c'、'a'、'l'、'\0' */
`char *s="pascal";`	/* 定义 s 是一个字符指针，指向字符串"pascal" */
`char s[ ]={ 'p', 'a', 's', 'c', 'a', 'l',0};`	/* 定义 s 是一个字符数组，元素个数由常量个数决定为 7，各元素分别为：'p'、'a'、's'、'c'、'a'、'l'、

```
                    '\0' */ */
     char *s[2]={"pascal","fortran"};      /* 定义 s 是一个有 2 个元素的指针数组，每个元素是
                                              一个指针，第 1 个元素指向字符串"pascal"，第 2 个
                                              元素指向字符串"fortran" */
```

（3）设有声明：

```
     int a[10][20],b[10],i=2;
```

下述形式是否正确？各表示什么意义？它们之间有什么关系？各访问的是哪个变量？

式子　　　　　　　　　　参考答案

```
a+i                 /* 正确，表示 a 数组第 i 行的地址 */
a[i]                /* 正确，表示 a 数组第 i 行第 0 列元素地址 */
*(a+i)              /* 同上*/
&a[i]               /* 正确，表示 a 数组第 i 行的地址 */
&a[i][0]            /* 正确，表示 a 数组第 i 行第 0 列元素地址 */
a[3][2]             /* 正确，表示 a 数组第 3 行第 2 列元素的值 */
*(*(a+2)+1)         /* 正确，表示 a 数组第 2 行第 1 列元素的值 */
*(*(a+4))           /* 正确，表示 a 数组第 4 行第 0 列元素的值 */
(a[3]+2)            /* 正确，表示 a 数组第 3 行第 2 列元素地址 */
b[3+i]              /* 正确，表示 b 数组第 3+i 个元素的值 */
*(b+i)              /* 正确，表示 b 数组第 i 个元素的值 */
*(i+b)              /* 同上 */
*((b++)+i)          /* 错误，b++对 b 引用后作 b=b+1 的操作。因为 b 是数组名，代表 b
                       数组首元素的地址，是一个常量，其值不允许改变 */
```

（4）函数参数有两大类：地址，变量。变量作参数进行的是值传递，子函数中参数的改变不影响主函数中的变量。地址可以是数组元素的地址或指针。数组元素地址作参数，进行的是地址传递，使得子函数中的数组与主函数中的数组是同一个，子函数中对数组元素的改变即是对主函数数组元素的改变。指针作参数进行的也是地址传递，使用指针可透过子函数间接访问到主函数中的变量。

仅考虑变量、数组和指针 3 种情况。设主函数中有如下定义：

```
     int x;
     int *p;
     int a[10];
```

举例说明在如下几种情况下，实参都可以是什么形式。

（1）形参是变量，例：f(int x)

（2）形参是数组，例：f(int x[ ])

（3）形参是指针，例：f(int * x)

答：

（1）实参可以是：变量 x，对指针的间接访问*p，数组元素 a[5]。

（2）实参可以是：数组名 a，数组元素地址&a[2]，指针 p。

（3）实参可以是：变量地址&a，指针 p，数组名 a，数组元素地址&a[8]。

2.11 文 件

2.11.1 要点指导

1. 文件类型指针
```
FILE *fp;
```

2. 文件的打开和关闭
```
fp=fopen(文件名,存取方式);
fclose(fp);
```

3. 文件的读写
从文件中读一个字符 `ch=fgetc(fp)`
向文件中写一个字符 `fputc(ch,fp);`

4. 判断文件是否结束
判断文件是否结束函数 `feof(fp)`
文本文件结束符 EOF

2.11.2 同步练习

1. 选择题
若 fp 是指向某文件的指针，且已读到该文件的末尾，则函数 feof(fp)的返回值是（   ）。
A. EOF   B. −1   C. 非零值   D. NULL

答：C

2. 填空题
（1）下面的程序用来统计文件中字符的个数，请填空。
```
#include <stdio.h>
void main( )
{ FILE * fp;
  long num = 0;
  if ((fp = fopen("fname.dat", "r")) == NULL)
  { printf("Cannot open file!\n"); exit(0); }
  while  【  】                          /*填空*/
  {fgetc(fp); num++;}
  printf("num=%d\n", num);
  fclose(fp);
}
```

答：(!feof(fp)) 或者 (feof(fp)==0)
说明：!feof(fp) 或者 feof(fp)==0 表示文件没结束。

（2）以下程序由终端键盘输入一个文件名，然后把从终端键盘输入的字符依次存放到该文件中，用#作为结束输入的标志。请填空。
```
#include<stdio.h>
void main( )
{FILE *fp;
char ch,fname[10];
```

```
    printf("Input the name of file \n");
    gets(fname);
    if((fp=  【1】    )==NULL)                   /*填空*/
    { printf("Cannot open the file!\n"); exit(0); }
    printf("Enter data\n");
    while((ch=getchar( ))!='#')
        fputc(  【2】  ,fp);                      /*填空*/
    fclose(fp);
}
```

答：【1】fopen(fname,"w")

　　【2】ch

第3章
常用算法

3.1 程序设计基础

有3个数A，B，C，设计算法，求3个数中最大的数并输出。

```
#include <stdio.h>
void main( )
{ int a,b,c,t;
  scanf("%d,%d,%d",&a,&b,&c);
  if(a>b)  t=a;
  else     t=b;
  if(t<c) t=c;
  printf("the max is %d",t);
}
```

3.2 数据表示及数据运算

3.2.1 编程序，输入一个字符，然后顺序输出该字符的前驱字符、该字符本身和它的后继字符。

```
#include <stdio.h>
void main( )
{ char c1,c2,c3;
  scanf("%c",&c2);
  if((c2>='a' && c2<='z') || (c2>='A' && c2<='Z'))
  {c1=c2-1;c3=c2+1;
  if((c1<'a' && c1>='a'-1) || (c1<'A' && c1>='A'-1))
      c1=c1+26;
  if((c3>'z' && c3<='z'+1) || (c3>'Z' && c3<='Z'+1))
      c3=c3-26;
  }
  printf("van=%c  char=%c  subsequence =%c",c1,c2,c3);
}
```

3.2.2 编写程序，输入3个浮点数，求它们平均值并输出。

```
#include <stdio.h>
void main( )
```

```
{ float a,b,c,ave;
  scanf("%f%f%f",&a,&b,&c);
  ave=(a+b+c)/3;
  printf("average is %f",ave);
}
```

3.2.3　编程序，用如下公式计算 π 值。

$$\frac{\pi}{4} = 4\arctan\frac{1}{5} - \arctan\frac{1}{239} \text{。}$$

```
#include <stdio.h>
#include <math.h>
void main( )
{ double pi;
  pi=4*atan(1.0/5) -atan(1.0/239);
  printf("pi=%10.6f",pi*4);
}
```

3.2.4　摄氏温度 C 与华氏温度 F 的关系是：$C = \frac{5}{9}(F - 32)$。输入摄氏温度，求华氏温度。

```
#include <stdio.h>
void main( )
{ float c,f;
  scanf("%f",&c);
  f=9*c/5+32;
  printf("F=%f",f);
}
```

3.3　最简单的 C 程序设计

3.3.1　写一程序，读入角度值，输出弧度值。

```
#include <stdio.h>
void main( )
{ float r,w;
  scanf("%f",&r);
  w=r*3.1415926/180;
  printf("w= %f",w);
}
```

3.3.2　不用中间变量，交换 A、B 两整型变量的值。

```
#include <stdio.h>
void main( )
{ int a,b;
  scanf("%d%d",&a,&b);
  printf("\na=%d   b=%d",a,b);
  a=a+b;
  b=a-b;
  a=a-b;
  printf("\na=%d   b=%d",a,b);
}
```

3.3.3 编写程序，输入两个整数，分别求它们的和、差、积、商和余数并输出。

```
#include <stdio.h>
void main( )
{ int x,y,he,ch,ji,yu;
  float sh;
  scanf("%d%d",&x,&y);
  he=x+y;
  ch=x-y;
  ji=x*y;
  sh=(float)(x)/y;
  yu=x%y;
  printf("he=%d,ch=%d,ji=%d,sh=%f,yu=%d",he,ch,ji,sh,yu);
}
```

3.3.4 编程序，输入底的半径和高，求圆柱体的体积和表面积，并输出。

```
#include <stdio.h>
void main( )
{ float r,h,v,s;
  scanf("%f%f",&r,&h);
  v=3.14*r*r*h;
  s=2*3.14*r*r+2*3.14*r*h;
  printf("v=%f,s=%f",v,s);
}
```

3.3.5 写程序，输入午夜后的秒数，输出该秒的小时：分钟：秒。例如输入是 50000，输出
13：53：20。

```
#include <stdio.h>
void main( )
{ long num,h,m,s;
  scanf("%ld",&num);
  h=num/3600;
  m=(num-h*3600)/60;
  s=(num-h*3600)%60;
  printf("h=%ld:m=%ld: s=%ld",h,m,s);
}
```

3.4 选择结构程序设计

3.4.1 编程序，输入 3 个实数 a，b，c，然后按递增顺序把它们输出。

```
#include <stdio.h>
void main( )
{ float a,b,c,t;
  scanf("%f%f%f",&a,&b,&c);
  printf("\na=%f,b=%f,c=%f",a,b,c);
  if(a>b)
      {t=a;a=b;b=t;}
  if(a>c)
      {t=a;a=c;c=t;}
  if(b>c)
      {t=b;b=c;c=t;}
```

```
        printf("\na=%f,b=%f,c=%f",a,b,c);
    }
```

3.4.2　编程序，输入一个字母，若其为小写字母，将其转换为大写，然后输出。

```
#include <stdio.h>
void main( )
{ char c;
    scanf("%c",&c);
    printf("c=%c",c);
    if(c>='a' && c<='z')
        c=c-32;
    printf("\nc=%c",c);
}
```

3.4.3　编程序，输入一个自然数 n，判断 n 的百位数字是否为 0。

```
#include <stdio.h>
void main( )
{ int num,i;
    scanf("%d",&num);
    if(num<100)
        printf("num<100,please retype");
    else
        {i=num/100%10;
         if(i==0)
             printf("yes");
         else
             printf("no");
        }
}
```

3.4.4　完善下述程序片段成一个完整程序，并上机执行。要求给定 a、b 不同的值分别执行。

　　　　if (a>b)　if (b>c) x=0; else x=1;

考虑如下问题，从而总结出 if 语句的语义规律。

（1）若 a≤b，执行什么？

（2）若 a>b，且 b≤c，执行什么？

```
#include <stdio.h>
void main( )
{int a,b,c,x;
 scanf("%d%d%d",&a,&b,&c);
 if(a>b)
    if(b>c)   x=0;
    else      x=1;
 printf("a=%d,b=%d,c=%d\nx=%d",a,b,c,x);
}
```

（1）若 a≤b，执行什么？

执行语句："printf("a=%d,b=%d,c=%d\nx=%d",a,b,c,x);"，x 为不确定数。

（2）若 a>b，且 b≤c，执行什么？

执行语句"x=1;"。

3.4.5　编程序，输入一个 4 位自然数 n，判断 n 是否为降序数。降序数是指对于 $n=d_0d_1d_2d_3$，有 $d_i \geqslant d_{i+1}$，$i=0$，1，2

```
#include <stdio.h>
```

```
void main()
{ int num,d0,d1,d2,d3;
  scanf("%d",&num);
  d0=num/1000;
  d1=num/100%10;
  d2=num/10%10;
  d3=num%10;
  if(d0>d1 && d1>d2 && d2>d3)
      printf("%d is the number of descending.",num);
  else
      printf("%d is not the number of descending.",num);
}
```

3.4.6 编程序，判断给定的三位数是否为 Armstrong 数，所谓 Armstrong 数是指其值等于它本身每位数字立方和的数。如 153 就是一个 Armstrong 数：$153 = 1^3 + 5^3 + 3^3$。

```
#include <stdio.h>
#include <math.h>
void main( )
{ int num,d1,d2,d3;
  scanf("%d",&num);
  d1=num/100;
  d2=num/10%10;
  d3=num%10;
  if(num==pow(d1,3)+pow(d2,3)+pow(d3,3))
      printf("%d is armstrong.",num);
  else
      printf("%d is not armstrong.",num);
}
```

3.4.7 某旅游宾馆房间价格随旅游季节和团队规模浮动，设每房间 100 元。规定：在旅游旺季（7~9 月份），20 房间以上团队，优惠 30%；不足 20 房间团队，优惠 15%。在旅游淡季，20 房间以上团队，优惠 50%；不足 20 房间团队，优惠 30%。编程序，根据输入的月份和订房间数，输出金额。

```
#include <stdio.h>
void main( )
{ int month,num;
  char flag;
  float sum;
  printf("please input month and number:");
  scanf("%d%d",&month,&num);
  switch(month)
  {case 1:  case 2:  case 3:  case 4:  case 5:  case 6:flag='f';break;
   case 7:   case 8:  case 9:flag='t';break;
   case 10: case 11:      case 12:flag='f';break;
   }
  printf("%c",flag);
  if(flag=='t')
      if(num>=20)   sum=num*100*(1-0.3);
      else          sum=num*100*(1-0.15);
  if(flag=='f')
      if(num>=20)   sum=num*100*(1-0.5);
      else          sum=num*100*(1-0.3);
  printf("sum=%f",sum);
}
```

3.4.8 有一函数: $y = \begin{cases} x, & (x < 1) \\ 2x-1, & (1 \leqslant x < 10) \\ 3x-11, & (x \geqslant 10) \end{cases}$

写一程序, 输入 x, 输出 y 值。

```
#include<stdio.h>
void main( )
{ int x,y;
  printf("input x:");
  scanf("%d",&x);
  if(x<1)
       { y=x;
         printf("x=%3d,y=x=%d\n",x,y);
       }
  else if(x<10)
       { y=2*x-1;
         printf("x=%3d,y=2*x-1=%d\n",x,y);
       }
       else
       { y=3*x-11;
         printf("x=%3d,y=3*x-11=%d\n",x,y);
       }
}
```

3.4.9 鸡兔同笼问题。已知鸡兔总头数 h, 总脚数 f。求鸡兔各有多少只?

由常识可知: 头数和脚数都必须大于 0; 脚数最少为头数的 2 倍, 最多是头数的 4 倍; 并且脚一定是偶数。

```
#include <stdio.h>
void main( )
{ int h,f,cock,hare;
  printf("Please input head and foot:\n");
  scanf("%d%d",&h,&f);
  if(h>0 && f>0 && f>=2*h && f<=4*h && f%2==0)
     {cock=(4*h-f)/2;
     hare=(f-2*h)/2;
     printf("cock=%d,hare=%d",cock,hare);     }
  else
     printf("Does not match the number of heads and feet.");
}
```

3.4.10 给出一百分制成绩, 要求输出成绩等级'A'、'B'、'C'、'D'、'E'。90 分以上为'A', 80 ~ 89 分为'B', 70 ~ 79 分为'C', 60 ~ 69 分为'D', 60 分以下为'E'。

```
#include<stdio.h>
void main( )
  { float score;
    char grade;
    printf("input score:");
    scanf("%f",&score);
    while(score>100||score<0)
    { printf("\nwrong ,input score");
      scanf("%f",&score);
    }
```

```
             switch((int)(score/10))
             { case 10:
               case 9:grade='A';break;
               case 8:grade='B';break;
               case 7:grade='C';break;
               case 6:grade='D';break;
               default:grade='E';
             }
             printf("score is %5.1f,grade is%5c\n",score,grade);
    }
```

3.5 循环结构程序设计

3.5.1 分别用如下展开式计算圆周率 π 的近似值，直到最后一项的绝对值小于 10^{-5} 为止。

（1）$\dfrac{\pi}{4}=1-\dfrac{1}{3}+\dfrac{1}{5}-\dfrac{1}{7}+\cdots$（格力高里展开式）

（2）$\dfrac{\pi}{2}=\dfrac{2}{1}\times\dfrac{2}{3}\times\dfrac{4}{3}\times\dfrac{4}{5}\times\dfrac{6}{5}\times\dfrac{6}{7}\times\dfrac{8}{7}\times\cdots\times\dfrac{2n}{2n-1}\times\dfrac{2n}{2n+1}\times\cdots$

（1）$\dfrac{\pi}{4}=1-\dfrac{1}{3}+\dfrac{1}{5}-\dfrac{1}{7}+\cdots$（格力高里展开式）

```
#include <stdio.h>
#include <math.h>
void main( )
{ int s;
  float n,t,pi,p0;
  t=1;pi=0;n=1.0;s=1;
  do{p0=pi;
     pi=pi+t;
     n=n+2;
     s=-s;
     t=s/n;
  }while(fabs(pi-p0)>1e-5);
  pi=pi*4;
  printf("pi=%10.6f\n",pi);
}
```

（2）$\dfrac{\pi}{2}=\dfrac{2}{1}\times\dfrac{2}{3}\times\dfrac{4}{3}\times\dfrac{4}{5}\times\dfrac{6}{5}\times\dfrac{6}{7}\times\dfrac{8}{7}\times\cdots\times\dfrac{2n}{2n-1}\times\dfrac{2n}{2n+1}\times\cdots$

```
#include <stdio.h>
#include <math.h>
void main( )
{ double n=0;
  double pi=1,p0,t;
  do{n=n+1;
     t=(2*n/(2*n-1))*(2*n/(2*n+1));
     p0=pi;
     pi=pi*t;
  }while(fabs(pi-p0)>1e-5);          /* 精度为相邻两项之差 */
```

```
    printf("pi=%10.6f\n",pi*2);
  }
```

3.5.2 编一个程序，计算所有小于 *n* 的完全平方数之和。

```
#include <stdio.h>
#include <math.h>
void main( )
{ int n,i,sum=0;
  scanf("%d",&n);
  for(i=1;i<=n;i++)
     {if( (int)sqrt(i)*(int)sqrt(i)==i)
         sum=sum+i;  }
  printf("sum=%d",sum);
}
```

3.5.3 编程序，求所有四位对称数（正序和反序读法相同的整数），如 9669。

```
#include <stdio.h>
#include <conio.h>
void main( )
{ int i,d1,d2,d3,d4,n=0;
  clrscr( );
  for(i=1000;i<=9999;i++)
  {d1=i/1000;
   d2=i/100%10;
   d3=i/10%10;
   d4=i%10;
   if(d1==d4 && d2==d3)
      {n=n+1;
       printf("%7d",i);
       if(n%10==0) printf("\n");}
  }
}
```

3.5.4 编程序，打印所有小于 100 的可以被 11 整除的自然数。

```
#include <stdio.h>
#include <conio.h>
void main( )
{ int i;
  clrscr( );
  for(i=1;i<100;i++)
      if(i%11==0)
          printf("%5d",i);
}
```

3.5.5 编程序，打印所有个位数为 6 且能被 3 整除的全部五位自然数。

```
#include <stdio.h>
#include <conio.h>
void main( )
{ long i;
  clrscr( );
  for(i=10000;i<=99999;i++)
      if((i%10==6 && i%3==0)
          printf("%7ld",i);
}
```

3.5.6 编程序,打印前 10 对孪生素数。若两个素数之差为 2,则称为孪生素数,如(3、5),(11、13)等。

```c
#include <stdio.h>
void main( )
{ int n=0,i=2,j,s1,s2;
  char f1='f',f2='f';
  while(n<10)
  {f1='f';f2='f';
   {for(j=2;j<=i-1;j++)
      if(i%j==0) break;
    if(j>=i) {f1='t',s1=i;}
   }
   if(f1=='t')
   { for(j=2;j<=i+2-1;j++)
        if((i+2)%j==0) break;
     if(j>=i+2){f2='t';s2=i+2;} }
   if(f1=='t' && f2=='t')
      {printf("\n%d  %d",s1,s2);n++;}
   i++; }
}
```

3.5.7 编程序,打印所有三位的 Armstrong 数,所谓 Armstrong 数是指其值等于它本身每位数字立方和的数。如 153 就是一个 Armstrong 数。$153 = 1^3 + 5^3 + 3^3$。

```c
#include <stdio.h>
#include <conio.h>
void main( )
{ int i,d1,d2,d3;
  clrscr( );
  for(i=100;i<=999;i++)
    {d1=i/100;
     d2=i/10%10;
     d3=i%10;
     if(i==d1*d1*d1+d2*d2*d2+d3*d3*d3)
         printf("\n%d",i);
    }
}
```

3.5.8 编程序,验证 100 以内的奇数平方除以 8 都余 1。

```c
#include <stdio.h>
void main( )
{ int i;
  char flag='T';
  for(i=1;i<=100;i=i+2)
      if(i*i%8!=1)
        { flag='F';break;}
  if(flag=='T')  printf("\nThis proposition was established.");
  else       printf("\nThis proposition was not established.");
}
```

3.5.9 编程序,输入整数 k,求满足如下条件的整数组 m、n。

(1) $0 < m, n < k$;

(2) $(n^2 - mn - m^2)^2 = 1$;

（3）m^2+n^2 最大。

```
#include <stdio.h>
#include <math.h>
void main( )
{ int num,k,m,n,max=0,n0,m0;
  scanf("%d",&k);
  for(m=1;m<k;m++)
     for(n=m+1;n<k;n++)
        {num=pow((n*n-m*n-m*m),2);
         if(num==1 && m*m+n*n>max)
     {max=num;m0=m;n0=n;}
        }
  printf("m=%d,n=%d",m0,n0);
}
```

3.5.10　编程序，打印如图所示形式的数字金字塔。

```
#include <stdio.h>
void main( )
{ int i,j,k,n;
  for(i=1;i<=10;i++)
    {n=0;
     for(j=1;j<=10-i;j++)
    printf(" ");
     for(k=1;k<=2*i-1;k++)
     {if(k<=i)
      {if(n==9) {printf("0");n++;}
       else     printf("%d",++n);}
      else
        printf("%d",—n);
     }
    printf("\n");
    }
}
```

```
          1
         121
        12321
       1234321
      123454321
        ...
1234567890987654321
```

3.5.11　输入一行字符，分别统计出其中英文字母、空格、数字和其他字符的个数。

```
#include<stdio.h>
void main( )
{ char c;
  int letters=0,space=0,digit=0,other=0;
  printf("input a line characters:\n");
  while((c=getchar( ))!='\n')
  {   if(c>='a'&&c<='z'|| c>='A'&&c<='Z')
        letters++;
      else if(c= =' ')
        space++;
      else if(c>='0'&&c<='9')
        digit++;
      else
        other++;
  }
 printf("letter:%d\nspace:%d\ndigit:%d\nothers:%d\n",letters,space,digit,other);
}
```

3.5.12　求 $S_n = a+aa+aaa+\cdots+\overbrace{aa\cdots a}^{n\uparrow a}$ 之值，其中 a 是一个一位数字。例如：

2+22+222+2222+22222（此时 *n*=5），*n* 由键盘输入。

```
#include<stdio.h>
void main( )
{int a,n,i=1,sn=0,tn=0;
printf("input a,n=:");
scanf("%d,%d",&a,&n);
while(i<=n)
  { tn=tn+a;
    sn=sn+tn;
    a=a*10;
    ++i;
    }
  printf("a+aa+aaa+…=%d\n",sn);
}
```

3.5.13 求 $\sum\limits_{n=1}^{20}n!$，即求 1! +2! +3! +4! + … +20!。

```
#include<stdio.h>
void main( )
{ float s=0,t=1;
  int n;
  for(n=1;n<=20;n++)
    { t=t*n;
      s=s+t;
    }
  printf("1!+2!+…+20!=%e\n",s);
}
```

请注意：s 不能定义为 int 型，因为在 Turbo C++等编译系统中，int 型数据的范围为−32768 ~ 32767，也不能定义为 long 型，因为 long 型数据的范围为−21 亿 ~ 21 亿，还是无法容纳求得的结果。

3.5.14 一个数如果恰好等于它的因子（不包括该数本身）之和，这个数就称为"完数"。例如：6 的因子为 1、2、3，而 6=1+2+3，因此 6 是"完数"。编程找出 1000 之内的所有完数，并按下面格式输出其因子：6 its factors are 1，2，3。

```
#include<stdio.h>
void main( )
{ int m,s,i;
 for(m=2;m<1000;m++)
    { s=0;
      for(i=1;i<m;i++)
          if((m%i)==0)s=s+i;
      if(s==m)
    { printf("%d its factors are ",m);
      for(i=1;i<m;i++)
          if(m%i==0)printf("%d  ",i);
              printf("\n");
      }
    }
}
```

3.5.15 有一分数序列 $\dfrac{2}{1}$，$\dfrac{3}{2}$，$\dfrac{5}{3}$，$\dfrac{8}{5}$，$\dfrac{13}{8}$，$\dfrac{21}{13}$，…求出这个数列的前 20 项之和。

```
#include<stdio.h>
void main( )
{ int i,t,n=20;
   float a=2,b=1,s=0;
   for(i=1;i<=n;i++)
     { s=s+a/b;
        t=a;
        a=a+b;
        b=t;
     }
printf("sum=%f\n",s);
}
```

3.5.16 一球从 100m 高度自由落下，每次落地后反跳回原高度的一半，再落下。求它在第 10 次落地时，共经过多少 m？第 10 次反弹多高？

```
#include<stdio.h>
void main( )
{ float sn=100,hn=sn/2;
   int n;
   for(n=2;n<=10;n++)
   { sn=sn+2*hn;
     hn=hn/2;
   }
   printf("sn=%fm\n",sn);
   printf("hn=%fm\n",hn);
}
```

3.5.17 猴子吃桃问题。猴子第一天摘下若干个桃子，当即吃了一半，还不过瘾，又多吃了一个。第二天早上又将剩下的桃子吃掉一半，又多吃了一个。以后每天早上都吃了前一天剩下的一半零一个。到第 10 天早上想再吃时，就只剩下一个桃子了。求第一天共摘了多少个桃子。

```
#include<stdio.h>
void main( )
{ int day,x1,x2;
   day=9;
   x2=1;
   while(day>0)
   { x1=(x2+1)*2;
     x2=x1;
     day—;
   }
printf("total=%d\n",x1);
}
```

3.6 函　　数

3.6.1 分别编写函数，检测

（1）一个字符是否为空格；

（2）一个字符是否为数字；

（3）一个字符是否为元音。

（1）一个字符是否为空格。

```
#include <stdio.h>
char fun(char c)
{ char flag;
  if(c==' ') flag='T';
  else      flag='F';
  return flag;
}
void main( )
{ printf("%c",fun('a'));
}
```

（2）一个字符是否为数字。

```
#include <stdio.h>
char fun(char c)
{ char flag;
 if(c>='0' && c<='9') flag='T';
 else            flag='F';
 return flag;
 }
```

（3）一个字符是否为元音。

```
#include <stdio.h>
char fun(char c)
{ char flag;
  switch(c)
  {
   case 'a':
   case 'e':
   case 'i':
   case 'o':
   case 'u':flag='T';break;
   default:flag='F';
  }
  return flag;
}
```

3.6.2 编写一个函数 fun(n)，求任意四位正整数 n 的逆序数。例如当 n=2345 时，函数值为 5432。

```
#include<stdio.h>
int fun(int n)
{ int d1,d2,d3,d4;
  d1=n/1000;
  d2=n/100%10;
  d3=n/10%10;
  d4=n%10;
  n=d4*1000+d3*100+d2*10+d1;
  return n;
}
void main( )
{ int n;
  scanf("%d",&n);
  if(n>=1000 && n<=9999)
      printf("Reverse number is %d",fun(n));
```

```
      else
          printf("Please input a number between 1000~9999:");
      }
```

3.6.3　编写程序，输入 m、n 的值，计算并输出：$\dfrac{m!}{(m-n)!n!}$

```
      #include<stdio.h>
      long fun(long n)
      { int i;
        long r=1;
        for(i=1;i<=n;i++)
            r=r*i;
        return r;
      }
      void main( )
      { long m,n,res;
        scanf("%ld%ld",&m,&n);
        res=fun(m)/(fun(m-n)*fun(n));
        printf("The result is %ld",res);
      }
```

3.6.4　编写函数，以两个正整数为参数，如果该两数是友好的，返回 t；否则返回 f。如果这两个整数每个的约数（除了本身以外）和等于对方，我们就称这对数是友好的。例如：

① 1184 的约数和有 1+2+4+8+16+32+37+74+148+296+592=1210。

② 1210 的约数和有 1+2+5+10+11+22+55+110+121+242+605=1184。

```
      #include<stdio.h>
      char fun(int m,int n)
       { int sm,sn,i;
         char flag;
         sm=sn=0;
         for(i=1;i<m;i++)
          if((m%i)==0)sm=sm+i;
         for(i=1;i<n;i++)
          if((n%i)==0)sn=sn+i;
         if(sm==n && sn==m) flag='t';
         else              flag='f';
         return flag;
       }
      void main( )
      { int m,n;
        char f;
        scanf("%d%d",&m,&n);
        f=fun(m,n);
        if(f=='t')  printf("Two numbers are friendly.");
        else      printf("Two numbers are not friendly.");
      }
```

3.6.5　编写一个函数，求两个数的最小公倍数，用主函数调用函数来实现，并输出结果，两个整数由键盘输入。

```
      #include "stdio.h"
      int gcm(int a,int b)
      { int r,s;
        s=a*b;
```

```
        r=a%b;
        while(r>0)
            { a=b;b=r;r=a%b;  }
        return s/b;
    }
    void main( )
    { int gcm(int,int);
      int m,n,l,k;
      scanf("%d%d",&m,&n);
      k=gcm(m,n);
      printf("%d",k);
    }
```

3.6.6　输出 1000 以内的亲和数。

有两个自然数 m、n，其约数和（不包括本身）分别为 $s(m)$、$s(n)$，若 $s(m)=n$，$s(n)=m$，称 m 与 n 为亲和数。例如当 $m=220$，$n=284$ 时，m 的约数和 1+2+4+5+10+11+20+22+44+ 55+110=284=n，n 的约数和为 1+2+4+71+142=220=m，220 和 284 是亲和数。

```
        #include "stdio.h"
        void main( )
        { int yueshuhe( );
          int sum,i,sm,sn;
          for(i=2;i<=1000;i++)
            { sm=yueshuhe(i);
              if(sm>i)
                { sn=yueshuhe(sm);
                  if(sn==i)printf("%d %d is congenial graft.\n",sm,sn);
                }
            }
        }
        int yueshuhe(int m)
        { int s,i,r;
          s=1;
          i=2;
          do {
              r=m%i;
              if(r==0)s=s+i;
              i++;}while(i<=m/2);
          return s;
        }
```

3.6.7　用递归计算 Fibonacci 数列第 n 项。该序列可以表示成：

$$f(n) = \begin{cases} 1, & n=1 \\ 1, & n=2 \\ f(n-1)+f(n-2), & n>2 \end{cases}$$

```
        #include <stdio.h>
        void main( )
        { int fib(int);
          int n;
          scanf("%d",&n);
          printf("fib(%d)=%d\n",n,fib(n));
        }
        int fib(int n)
        { int k;
```

```
    if(n==1 || n==2)
      k=1;
    else
      k=fib(n-1)+fib(n-2);
    return k;
}
```

3.6.8 编写递归函数 int gcd(int u,int v)，计算整数 u、v 的最大公约数。

```
#include <stdio.h>
int gcd(int u,int v)
{ if(u==v) return u;                /* 采用辗转相减法求最大公约数 */
  if(u>v) return gcd(u-v,v);
  else return gcd(u,v-u);
}
void main( )
{ int x,y;
  scanf("%d%d",&x,&y);
  printf("zui da gong yue shu :%d",gcd(x,y));
}
```

3.7　数　　组

3.7.1 编程判断任意给定的二维整数组（10×10）中是否有相同元素。

```
#include <stdio.h>
void main( )
{ int a[10][10],i,j,m,n;
  char flag='f';
  for(i=0;i<=9;i++)
  for(j=0;j<=9;j++)
     scanf("%d",&a[i][j]);
  for(i=0;i<=9 && flag=='f';i++)
  for(j=0;j<=9 && flag=='f';j++)
    for(m=0;m<=9 && flag=='f';m++)
     for(n=0;n<=9;n++)
       if(i!=m || j!=n)
          if(a[i][j]==a[m][n])
              {flag='t';break;}
  if(flag=='t') printf("y");
  else         printf("n");
}
```

3.7.2 编程判断给定整数矩阵是否主对角线对称。

```
#include"stdio.h"
void main( )
{ int q=0;
  int i,j,b[3][3];
  printf("please input a number:\n");
  for(i=0;i<3;i++)
  for(j=0;j<3;j++)
     scanf("%d",&b[i][j]);
  for(i=0;i<3;i++)
```

```
    for(j=0;j<3;j++)
        if(i<j)
            if(b[i][j]= =b[j][i])        q=1;
            else                         q=0;
    if(q==1)  printf("yes\n");
    else      printf("no\n");
}
```

3.7.3 编程把给定一维数组的诸元素循环右移 j 位。

```
#include <stdio.h>
void main( )
{ int a[10],b[10],i,j,k;
  for(i=0;i<=9;i++)
  scanf("%d",&a[i]);
  for(i=0;i<=9;i++)
 printf("  %d",a[i]);
  printf("\n");
  printf("please input a shift to the right median:\n");
  scanf("%d",&j);
  for(i=0;i<=9;i++)
    {k=i-j;
     if(k<0)  k=k+10;
     b[k]=a[i];
     }
   for(i=0;i<=9;i++)
  printf("  %d",b[i]);
}
```

3.7.4 数列 x 顺序由 2000 以内各个相邻素数之差组成。求 x 中所有和为 1898 的子序列。

```
#include <stdio.h>
#include <conio.h>
void main( )
{ int a[400],b[400],c[400],i,j,k=0,sum,d=0,m;
  clrscr( );
  for(i=2;i<=2000;i++)
    {for(j=2;j<=i-1;j++)
  if(i%j==0) break;
     if(j==i) a[k++]=i;}
  for(i=0;i<=k-2;i++)
     b[i]=a[i+1]-a[i];
  for(i=0;i<=k-2;i++)
    {sum=b[i];
     for(j=i+1;j<=k-2;j++)
    {sum=sum+b[j];
     if(sum==1898)
     {for(m=i;m<=j;m++)
     printf("  %d",b[m]);
     printf("\n");
     break;
     }
     }
    }
}
```

3.7.5 编程把整数数组中值相同的元素删除到只剩一个，并把剩余元素全部串到前边。

```
#include <stdio.h>
#include <conio.h>
void main( )
{ int a[10],i,j,k,t,n=0;
  clrscr( );
  for(i=0;i<=9;i++)
      scanf("%d",&a[i]);
  for(i=0;i<=8;i++)
      for(j=i+1;j<=9-n;j++)
          if(a[i]==a[j])
    {for(k=j;k<=8;k++)
      a[k]=a[k+1];
    n++;}
  for(i=0;i<=9-n;i++)
      printf("  %d",a[i]);
}
```

3.7.6　编程找出给定二维整数组 A 中所有鞍点。若一个数组元素 A[i,j]正好是矩阵 A 第 i 行的最小值，第 j 列的最大值，则称其为 A 的一个鞍点。

```
#include <stdio.h>
void main( )
{int i,j,k,m,n,flag1,flag2,a[10][10],max,maxi,maxj;
 printf("\nplease input line n=");
 scanf("%d",&n);
 printf("\nplease input column m=");
 scanf("%d",&m);
 for(i=0;i<n;i++)
{printf("line i=%d\n",i);
  for(j=0;j<m;j++)
  scanf("%d",&a[i][j]);
}
 for(i=0;i<n;i++)
{for(j=0;j<m;j++)
 printf("%5d",a[i][j]);
 printf("\n");
}
 flag2=0;
 for(i=0;i<n;i++)
 {max=a[i][0];
 for(j=0;j<m;j++)
   if(a[i][j]>max) {max=a[i][j];maxj=j;}
 for(k=0,flag1=1;k<n && flag1;k++)
   if(max>a[k][maxj]) flag1=0;
 if(flag1)
 {printf("\nSaddle is (%d,%d),number=%d",i,maxj,max);
  flag2=1;
     }
     }
 if(!flag2)
 printf("\nNo saddle-point.");
}
```

3.7.7　二维数组 $A_{10\times10}$ 的每行最大元素构成向量 B，每列最小元素构成向量 C，求 B·C。

```
#include <stdio.h>
```

```
        void main( )
        { int a[10][10],b[10],c[10],d[10],i,j,min,max;
        for(i=0;i<=9;i++)
            for(j=0;j<=9;j++)
                scanf("%d",&a[i][j]);
        for(i=0;i<=9;i++)
        {max=a[i][0];
         for(j=1;j<=9;j++)
            if(max<a[i][j])  max=a[i][j];
         b[i]=max;
        }
        for(j=0;j<=9;j++)
        {min=a[0][j];
         for(i=1;i<=9;i++)
            if(min>a[i][j])  min=a[i][j];
         c[j]=min;
        }
        for(i=0;i<=9;i++)
            {d[i]=b[i]*c[i];printf("  %d",d[i]);}
        }
```

3.7.8 编写函数，把给定的整数数组中为 0 的元素全部移到后部，且所有非 0 元素的顺序不变。

```
        #include<stdio.h>
        void main( )
        { int a[10],i,j,t;
        for(i=0;i<=9;i++)
            scanf("%d",&a[i]);
        for(i=0;i<=9;i++)
        {
         if(a[i]==0)
            {for(j=i+1;j<=9;j++)
        a[j-1]=a[j];
            a[9]=0;}
        }
        printf("\n");
        for(i=0;i<=9;i++)
            printf("%d  ",a[i]);
        }
```

3.7.9 编程按下述方法对数组 A 进行排序：首先把 A 数组的前半和后半部分分别进行排序，然后再将排好序的两部分按序合并。

```
        #include <stdio.h>
        void merge(int array[ ], int start, int mid, int end)
        {int temp1[10], temp2[10];
         int n1, n2,i,k,j;
         n1 = mid − start + 1;
         n2 = end − mid;
         for (i = 0; i < n1; i++)                    /* 拷贝前半部分数组 */
            { temp1[i] = array[start + i]; }
         for (i = 0; i < n2; i++)                    /* 拷贝后半部分数组 */
            { temp2[i] = array[mid + i + 1]; }
         temp1[n1] = temp2[n2] = 1000;               /* 把后面的元素设置得很大 */
         for ( k = start, i = 0, j = 0; k <= end; k++)
                                                     /* 逐个扫描两部分数组然后放到相应的位置去 */
```

```
            {if (temp1[i] <= temp2[j])
               {array[k] = temp1[i];
               i++;}
            else
               {array[k] = temp2[j];
               j++;}
          }
      }
     void mergesort(int array[ ], int start, int end)      /*归并排序*/
     { if (start < end)
         {int i;
         i = (end + start) / 2;
               mergesort(array, start, i);              /* 对前半部分进行排序 */
               mergesort(array, i + 1, end);            /* 对后半部分进行排序 */
               merge(array, start, i, end);             /* 合并前后两部分 */

           }
      }
     void main( )
     { int a[10],i;
       for(i=0;i<=9;i++)
         scanf("%d",&a[i]);
       mergesort(a,0,9);
       for(i=0;i<=9;i++)
         printf("%d",a[i]);
     }
```

3.7.10 编写程序把给定的字符串反序。

```
#include <stdio.h>
void main( )
{ char c[100],t;
  int i,n=0;
  printf("Please input string:");
  gets(c);
  printf("Original character:");
  puts(c);
  for(i=0;c[i]!='\0';i++)
   n++;
  for(i=0;i<=n/2-1;i++)
  {t=c[i];c[i]=c[n-1-i];c[n-1-i]=t;}
  printf("Reverse order string:");
  puts(c);
}
```

3.7.11 编写程序把给定的两个字符串连接起来。

```
#include<stdio.h>
void main( )
{ char s1[80],s2[40];
  int i=0,j=0;
  printf("\ninput string1:");
  scanf("%s",s1);
  printf("input string2:");
  scanf("%s",s2);
  while(s1[i]!='\0')
     i++;
```

```
        while(s2[j]!='\0')
            s1[i++]=s2[j++];
        s1[i]='\0';
        printf("The new string is:%s\n",s1);
    }
```

3.7.12 一个正文包含的每个字不超过 10 个字符，全文不超过 1000 个字。编程处理该正文，统计并输出每个字的出现次数，并找出及输出出现次数最高的字。

```
#include <stdio.h>
#include <string.h>
void main( )
{ char c[10000];                        /* c 存储原始文章 */
    char a[1000][10];
    char c1[10];
    int i,j,k,max,m;
    gets(c);
    j=k=0;
    for(i=0;c[i];i++)                    /* 将每一单词分离出来，存入数组 a */
      {if(c[i]==' ')
        {a[j][k]='\0';
         j++;
         k=0;}
      else
         a[j][k++]=c[i];
      }
    a[j][k]='\0';
    j++;
    for(k=0;k<j-1;k++)                   /* 对数组 a 排序，即对单词排序 */
      for(i=0;i<j-1-k;i++)
        if(strcmp(a[i],a[i+1])>0)
          {strcpy(c1,a[i]);
           strcpy(a[i],a[i+1]);
           strcpy(a[i+1],c1);
          }
    max=0;
    m=1;
    k=0;
    for(i=0;i<j;i++)                     /* 求出现次数最多的单词 */
      if(strcmp(a[i],a[i+1])==0)
        {m++;
         if(m>max)
           {max=m;
            k=i;}
        }
      else
        m=1;
    printf("\n chu xian ci shu zui duo de dan ci :%s,ci shu wei :%d\n",a[k],max);
}
```

3.7.13 编写一个函数，把给定的整数翻译成长度为 10 的字符串。

```
#include <stdio.h>
#include <string.h>
void main( )
{ int x,i,n;
```

```
    char c[10],c1;
    scanf("%d",&x);
    i=0;
    while(x)                              /* 将各位数字提取出来逆序存入数组 */
      {c[i++]=x%10+'0';
      x/=10;   }
    c[i]='\0';
    n=i;
    for(i=0;i<n/2;i++)                    /* 将逆序数组还原成正常顺序 */
      {c1=c[i];
      c[i]=c[n-1-i];
      c[n-1-i]=c1;
      }
    puts(c);
}
```

3.7.14　编写一个函数，对给定的正整数 m，n 输出 $\dfrac{n}{m}$ 的十进制小数，直到出现循环为止，并指明循环节。

```
#include <stdio.h>
int f(int a[ ],int n)                     /* 判断是否为循环小数 */
{int flag,i,j,k,m;
 flag=0;
 for(i=0;i<n;i++)
   {j=i+1;
   m=0;
   while(a[j]!=a[i]&&j<n)
        j++;
   if(j==n)
     break;
   k=j;
   while(a[k]==a[i+k-j]&&k<n)             /* 查找循环节 */
   {k++;
    m++; }
if(m>1)                                   /* 存在循环节，置 1 */
  {flag=1;
   break;
   }
j++;
if(j==n)
  break;
   }
 if(flag)                                 /* 存在循环节，则输出 */
   {printf("xun huan jie wei :\n");
    for(j=i;j<k;j++)
      printf("%d",a[j]);
   }
 return flag;
}
void main( )
{ int n,m,i,x,p,flag;
  int a[100];
  scanf("%d%d",&n,&m);
```

```
        x=n/m;                          /* 计算整数部分 */
        i=0;
        n=n%m;
        while(n)                        /* n 能被 m 整除即结束循环，即不是无限循环小数 */
          {n=n*10;
           a[i++]=n/m;                   /* 计算每一位小数，并存入数组 */
           n=n%m;
           flag=f(a,i);                  /* flag 标志是否为循环小数 */
           if(flag || i>99)             /* 若不是循环小数，则只计算到第 100 位小数 */
             break;
          }
        printf("\n jie guo wei :\n%d.",x);
        for(p=0;p<i;p++)
          printf("%d",a[p]);
    }
```

3.7.15 密码文（密文）解密。密文由字符序列组成，解密后产生的字符序列称为原文。解密算法是把密文 $s_1, s_2, \cdots s_n$ 看成一个环。解密时先按 s_1 开始在环上按顺时针方向数到第 n 个字符，即为原文的第一个字符，从环上去掉该字符；然后取下一个字符的 ASCII 值 n，并从下一个字符开始在环上按顺时针方向数到第 n 个字符，即为原文的第二个字符，从环上去掉该字符……直到环上没有字符为止，即可得到原文。用字符数组 A 存放密文环，不许使用其他工作数组，编程对给定的密文进行解密，解密后的原文仍存放在数组 A 中。

```
            #include <stdio.h>
            #include <string.h>
            void main( )
            { char a[100],b[100];
              int i,j,k,n,len;
              gets(a);
              i=j=0;
              len=strlen(a);
              while(len)
               {n=a[j];
                n=n%len;                 /* 密文构成环，可将循环查数变换为直接计算 */
                n=n+j;
                n=n%len;
                if(n==0)
                  n=len;
                b[i++]=a[n-1];           /* 求出 1 个字符 */
                k=n-1;
                while(a[k+1])            /* 从环上摘掉该字符 */
                   {a[k]=a[k+1];
                    k++;
                   }
                a[k]='\0';
                j=n-1;
                if(a[j]=='\0')
                   j=0;
                len--;
               }
              b[i]='\0';
              strcpy(a,b);
```

```
      puts(a);
}
```

3.7.16　用选择法对 10 个整数排序（从小到大）。

程序解析：

选择排序的思路如下，设有 10 个元素 a[1]～a[10]，将 a[1]与 a[2]～a[10]比较。若 a[1]比 a[2]～a[10]都小，则不进行交换，即无任何操作。若 a[2]～a[10]中有一个以上比 a[1]小，则将其中最大的一个（假设为 a[i]）与 a[1]交换，此时 a[1]中存放了 10 个中最小的数。第二轮将 a[2]与 a[3]～a[10]比较，将剩下 9 个数中的最小者 a[i]与 a[2]对换，此时 a[2]中存放的是 10 个中第二小的数。依此类推，共进行 9 轮比较，a[1]～a[10]就已按由小到大的顺序存放了。

```
#include<stdio.h>
void main( )
{ int i,j,min,temp,a[11];
  printf("enter data:\n");
  for(i=1;i<=10;i++)
    { printf("a[%d]=",i);
      scanf("%d",&a[i]);
    }
  printf("\n");
  printf("The orginal numbers:\n");
  for(i=1;i<=10;i++)
    printf("%5d",a[i]);
  printf("\n");
  for(i=1;i<=9;i++)
    { min=i;
      for(j=i+1;j<=10;j++)
      if(a[min]>a[j])min=j;
      temp=a[i];
      a[i]=a[min];
      a[min]=temp;
    }
  printf("\nThe sorted numbers:\n");
  for(i=1;i<=10;i++)
    printf("%5d",a[i]);
  printf("\n");
}
```

说明：定义 a 数组有 11 个元素：a[0]～a[10]，但实际上只对 a[1]～a[10]这 10 个元素输入值并排序，这样符合人们的习惯。

3.7.17　求一个 3×3 矩阵对角线元素之和。

```
#include<stdio.h>
void main( )
{ int a[3][3],sum=0;
  int i,j;
  printf("enter data:\n");
  for(i=0;i<3;i++)
    for(j=0;j<3;j++)
      scanf("%d",&a[i][j]);
  for(i=0;i<3;i++)
    sum=sum+a[i][i];
  printf("sum=%6d\n",sum);
}
```

3.7.18 有一个已排好序的数组，今输入一个数，要求按原来排序的规律将它插入数组中。假设数组 a 有 n 个元素，而且已按升序排列，在插入一个数时按下面的方法处理。

（1）如果插入的数 num 比 a 数组最后一个数大，则将插入的数放在 a 数组末尾。

（2）如果插入的数 num 不比 a 数组最后一个数大，则将它依次和 a[0]到 a[n−1]比较，直到出现 a[i]>num 为止，这时表示 a[0]到 a[i−1]各元素的值比 num 小，a[i]到 a[n−1]各元素的值比 num 大。num 理应插到 a[i−1]之后，a[i]之前。怎样才能实现此目的呢？将 a[i]到 a[n−1]各元素向后移一个位置（即 a[i]变成 a[i+1]，…，a[n−1]变成 a[n]），然后将 num 放在 a[i]中。

```c
#include<stdio.h>
void main( )
{ int a[11]={1,4,6,9,13,16,19,28,40,100};
  int num,i,j;
  printf("array a:\n");
  for(i=0;i<10;i++)
    printf("%5d",a[i]);
  printf("\n");
  printf("insert data:");
  scanf("%d",&num);
  if(num>a[9])
    a[10]=num;
  else
    { for(i=0;i<10;i++)
      if(a[i]>num)
      { for(j=9;j>=i;j—)
        a[j+1]=a[j];
        a[i]=num;
        break;
      }
    }
  printf("Now,array a:\n");
  for(i=0;i<11;i++)
    printf("%5d",a[i]);
  printf("\n");
}
```

3.7.19 将一个数组中的值逆序重新存放。例如：原来顺序为 8，6，5，4，1，要求改为 1，4，5，6，8。

```c
#include<stdio.h>
#define N 5
void main( )
{ int a[N],i,temp;
  printf("enter array a:\n");
  for(i=0;i<N;i++)
      scanf("%d",&a[i]);
  printf("array a:\n");
  for(i=0;i<N;i++)
    printf("%4d",a[i]);
  for(i=0;i<N/2;i++)
    { temp=a[i];
      a[i]=a[N-i-1];
      a[N-i-1]=temp;
    }
  printf("\nNow,array a:\n");
```

```
       for(i=0;i<N;i++)
         printf("%4d",a[i]);
       printf("\n");
    }
```

3.7.20　有一行电文，已按下面规律译成密码：

A → Z　　　a → z

B → Y　　　b → y

C → X　　　c → x

……

即第 1 个字母变成第 26 个字母，第 i 个字母变成第（26–i+1）个字母。非字母字符不变。要求编程将密码译回原文，并打印出密码和原文。

程序解析：

可以定义一个数组 ch，在其中存放电文。如果字符 ch[j]是大写字母，则它是 26 个字母中的第（ch[j]–64）个大写字母。例如，若 ch[j]的值是大写字母'B'，它的 ASCII 值为 66，它应是字母表中第（66–64）个大写字母，即第 2 个字母。按密码规定应将它转换为第（26–i+1）个大写字母，即第（26–2+1）=25 个大写字母。

而 26–i+1=26–(ch[j]–64)+1=26+64–ch[j]+1，即 91–ch[j]。

如 ch[j]等于'B'，9l–'B'=91–66=25，ch[j]应将它转换为第 25 个大写字母。该字母的 ASCII 值为 91–ch[j]+64，而 91–ch[j]的值为 25，因此 91–ch[j]+64=25+64=89，89 是 'Y' 的 ASCII 值。表达式 91–ch[j]+64 可以直接表示为 155–ch[j]。小写字母情况与此相似，但由于小写字母'a'的 ASCII 值为 97，因此处理小写字母的公式应改为：

26+96–ch[j]+1+96=123–ch[j]+96–219–ch[j]。

如若 ch[j]的值为'b'，则其交换对象为 219–'b'=219–98=121，它是'y'的 ASCII 值。

由于此密码的规律是对称转换，即第 1 个字母转换为最后 1 个字母，最后 1 个字母转换为第 1 个字母，因此从原文译为密码和从密码译为原文，都是用同一个公式。方法（1）用两个字符数组分别存放原文和密码。

```
#include<stdio.h>
void main( )
{ int j,n;
  char ch[80],tran[80];
  printf ("\ninput cipher code:");
  gets(ch);
  printf("\ncipher code:%s",ch);
  j=0;
  while(ch[j]!='\0')
    { if((ch[j]>='A')&&(ch[j]<='Z'))
  tran[j]=155-ch[j];
      else if((ch[j]>='a')&&(ch[j]<='z'))
  tran[j]=219-ch[j];
      else
  tran[j]=ch[j];
      j++;
    }
  n=j;
  printf("\noriginal text:");
  for(j=0;j<n;j++)
```

```
        putchar(tran[j]);
      printf("\n");
    }
```

3.7.21 编写一程序，将两个字符串 s1 和 s2 比较，如果 s1>s2，输出一个正数；s1=s2，输出 0；s1<s2，输出一个负数。不要用 strcmp 函数。两个字符串用 gets 函数读入。输出的正数或负数的绝对值应是相比较的两个字符串相应字符的 ASCII 值的差值。

```
#include<stdio.h>
void main( )
{ int i,resu;
  char s1[100],s2[100];
  printf("\n input string1:");
  gets(s1);
  printf("\n input string2:");
  gets(s2);
  i=0;
  while((s1[i]==s2[i])&&(s1[i]!='\0'))i++;
    if(s1[i]=='\0'&&s2[i]=='\0')resu=0;
    else  resu=s1[i]-s2[i];
  printf("\n result:%d\n",resu);
}
```

3.7.22 编写一程序，将字符数组 s2 中的全部字符拷贝到字符数组 s1 中。不用 strcpy 函数。拷贝时，'\0'也要拷贝过去。'\0'后面的字符不拷贝。

```
#include<stdio.h>
#include<string.h>
void main( )
{ char s1[80],s2[80];
  int i;
  printf("input s2:");
  scanf("%s",s2);
  for(i=0;i<=strlen(s2);i++)
      s1[i]=s2[i];
   printf("s1:%s\n",s1);
}
```

3.7.23 矩阵相乘。

```
#include "stdio.h"
#define M   2
#define N   3
#define K   4
void main( )
{int c[M][K],i,j,k;
static int a[M][N]={1,2,3,4,5,6};
static int b[N][K]={1,2,3,4,2,3,4,5,3,4,5,6};
for(i=0;i<M;i++)
    for(j=0;j<K;j++)
      { c[i][j]=0;
       for(k=0;k<N;k++)
          c[i][j]+=a[i][k]*b[k][j];
      }
for(i=0;i<M;i++)
  { printf("\n");
   for(j=0;j<K;j++)
```

```
          printf("%4d",c[i][j]);
      }
  }
```

3.7.24 插入法排序（升序排列）。

```
#include "stdio.h"
void main( )
{int a[100],i,j,n,p;
 printf("shu ru shu de ge shu (n) he shu lie a\n");
 scanf("%d",&n);
 scanf("%d",&a[0]);                /*输入第一个数*/
 for(i=1;i<=n-1;i++)
   { scanf("%d",&a[i]);
    p=a[i];
    j=i-1;
    while(p<a[j]&&j>=0)
        { a[j+1]=a[j];             /*新输入数大于数组中已存数值时该数右移，以插入新数*/
          j—;
        }
    a[j+1]=p;                      /*插入新数据*/
   }
 printf("sorted series is:");
 for(i=0;i<n;i++)
    printf("%d  ",a[i]);
 printf("\n");
 }
```

3.7.25 顺序查找。

```
#include "stdio.h"
#define N  5
void main( )
{int x,i;
 static int s[N]={ 10,20,30,40,50 };
 printf(" shu ru yi ge zheng shu \n");
 scanf("%d",&x);
 for(i=0;i<N;i++) if(x==s[i]) break;
 if(i>=N)   printf("%d 不在数组中\n",x);
 else       printf("%d 是数组中第 %d 个元素\n",x,i);
 }
```

3.7.26 折半查找。

```
#include "stdio.h"
#define N  6
int lookup( );
void main( )
{static int aa[ ]={ 2,4,6,8,10,12 };
 int xx,s;
 printf("shu ru yi ge zheng shu \n");
 scanf("%d",&xx);
 s=lookup(aa,xx);
 if(s==-1)  printf("%d 未找到\n",xx);
 else       printf("%d 在数组中是下标为%d 的元素",xx,s);
 }
```

```
int lookup(a,x)
int a[N],x;
{ int low=0,high=N-1,mid,result;
mid=(low+high)/2;
while(x!=a[mid]&&low<=high)
    {
    if (x<a[mid]) high=mid-1;
    else low=mid+1;
    mid=(low+high)/2;
    }
if(low>high)return -1; /*未找到的标志*/
else return mid;
}
```

3.7.27 编写函数，用递归方法求有 n 个元素的数组 a 的最大值。

```
#include <stdio.h>
int f(int a[ ],int n)
{int n;
 if(n==1) return a[0];
 n=a[0]>f(&a[1],n-1)?a[0]:f(&a[1],n-1);
 return n;
}
void main( )
{int a[10],i;
 for(i=0;i<10;i++)
   scanf("%d",&a[i]);
 printf("zui da zhi =%d",f(a,10));
}
```

3.7.28 设有数组 int a[100]，试编写一个递归函数，求 a 的反序数组并仍保存在 a 中，即 a[1] 与 a[100]交换，a[2]与 a[99]交换，a[3]与 a[98]交换，…，a[50]与 a[51]交换。

```
#include <stdio.h>
void huhuan(int a[ ],int n)
{int x;
 if(n>0)
   {x=a[1]; a[1]=a[n]; a[n]=x;
   huhuan(&a[2],n-2);
   }
}
void main( )
{int a[101],i;
 for(i=1;i<=100;i++)
   scanf("%d",&a[i]);
 huhuan(&a[1],100);
 for(i=1;i<=100;i++)
   printf("%5d",a[i]);
}
```

3.8 常见算法

3.8.1 用线性同余法，编一个产生随机数的函数。该方法基于如下公式计算一个随机数序列

的第 k 项 r_k： $r_k = (\text{multiplier} \cdot r_{k-1} + \text{increment}) \mod \text{modulus}$

其中 r_{k-1} 是随机数序列的第 $k-1$ 项，multiplier 、 increment 、 modulus 是常数。

```c
#include <stdio.h>
#include <math.h>
long fun(int k,int mul,int inc,int mod)
{ int i;
  long val;
  val=0;
  for(i=1;i<=k;i++)
    val=(mul*val+inc) %mod;
    return val;
}
void main( )
{ int k,mul,inc,mod;
  printf("please input k,mul,inc,mod\n");
  scanf("%d%d%d%d",&k,&mul,&inc,&mod);
  printf("%ld",fun(k,mul,inc,mod));
}
```

3.8.2 编程计算调和级数前 N 项和。要求结果是一个准确的分数 $\dfrac{A}{B}$ 形式。

$$H_n = \frac{1}{1} + \frac{1}{2} + \frac{1}{3} + \cdots + \frac{1}{n}$$

```c
#include <stdio.h>
void main( )
{ int i,a,b,n;
  scanf("%d",&n);              /* 采用等价数学变换
                               1/1+1/2==(1*2)/(1*2)+1/2==(1*2+1)/2
                               设第 i-1 项的和为 a/b,再加上第 i 项,a/b+1/i==
                               (a*i)/(b*i)+(1*b)/(b*i)===(a*i+b)/(b*i)
                               依此类推得迭代公式: a=a*i+b, b=b*i */

  a=b=1;
  for(i=2;i<=n;i++)
    {a=a*i+b;
     b=b*i;
    }
  printf("\n The result is :%d/%d",a,b);
}
```

3.9 结 构 体

3.9.1 建立 1990～2000 年日历数组，每天一个成分，记录年、月、日及星期等信息。

```c
#include <stdio.h>
void main( )
{ struct date
    {int year;
     int month;
     int day;
     int weekday;
```

```
    }d[3700];
   int y,m,d,w,i,f;
   y=1900;                          /* 设置初始日期，1900 年 1 月 1 日为星期一 */
   m=1;
   d=1;
   w=1;                             /* 1 代表星期一，7 代表星期日 */
   i=0;
   f=0;                             /* f 标志是否为闰年 */
   while(y<=2000)
     {d[i].year=y;
      d[i].month=m;
      d[i].day=d;
      d[i].weekday=w;
      i++;
      if(y%4==0&&y%100!=0||y%400==0)
      f=1;                          /* 计算是否为闰年 */
      d++;
      if((m==1||m==3||m==5||m==7||m==8||m==10||m==12)&&d==32||
        (m==4||m==6||m==9||m==11)&&d==31||(m==2&&d==30&&f)||(m==2&&d==29))
        {d=1;
         m++;
        }
      if(m==13)
        {m==1;
         y++;
        }
      w++;
      if(w==8)
        w=1;
     }
}
```

3.9.2 声明描述日期（年、月、日）的结构体类型。编写函数，以参数方式代入某日期，计算相应的日期在相应年是第几天，并以函数值形式带回。

```
#include <stdio.h>
struct date
  {int year;
   int month;
   int day;
  };
int f(struct date d)
{int n,f;
 switch(d.month)                    /* 计算天数 */
   { case 1:n=d.day;break;
     case 2:n=31+d.day;break;
     case 3:n=31+28+d.day;break;
     case 4:n=2*31+28+d.day;break;
     case 5:n=2*31+28+30+d.day;break;
     case 6:n=3*31+28+30+d.day;break;
     case 7:n=3*31+28+2*30+d.day;break;
     case 8:n=4*31+28+2*30+d.day;break;
     case 9:n=5*31+28+2*30+d.day;break;
     case 10:n=5*31+28+3*30+d.day;break;
```

```
        case 11:n=6*31+28+3*30+d.day;break;
        case 12:n=6*31+28+4*30+d.day;break;
      }
   if(y%4==0&&y%100!=0||y%400==0)
    f=1;                               /* 计算是否为闰年 */
   if(f)n++;
   return n;
  }
  void main( )
  { struct date d;
   scanf("%d%d%d",&d.year,&d.month,&d.day);
   printf("shi di %d tian ",f(d));
  }
```

3.9.3 某单位进行选举，有 5 位候选人：zhang、wang、zhao、liu、miao。编写一个统计每人得票数的程序。要求每个人的信息使用一个结构体表示，5 个人的信息使用结构体数组。

```
#include <stdio.h>
#include <string.h>
void main( )
{ struct person
   {char name[10];
     int n;
   }p[5]={"zhang",0,"wang",0,"zhao",0,"liu",0,"miao",0};
 char n[10];
 int i;
 gets(n);
 while(strcmp(n,"***")!=0)          /* 运行时输入某名字表示得 1 票，输入 3 个*结束 */
   {for(i=0;i<5;i++)
      {if(strcmp(p[i].name,n)==0)   /* 表示某人得 1 票 */
        { p[i].n++;  break; }
     gets(n);
    }
 printf("mei ge ren de de piao qing kuang ru xia :\n");
 for(i=0;i<5;i++)
    printf("%s de piao shu shi %d\n",p[i].name,p[i].n);
}
```

3.9.4 利用结构体类型描述扑克牌。编写函数，对任意给定的一副牌排序（去掉王牌；假定梅花<方块<红桃<黑桃）。

```
#include <stdio.h>
void main( )
{ struct poker
   {int huase;                       /* 用 1 代表梅花，2 代表方块，3 代表红桃，4 代表黑桃 */
    int dianshu;
   }p[52];
 int n,i,j,x;
 printf("shu ru pai de shu liang :\n");
 scanf("%d",&n);                     /* n 代表一副牌的数量 */
 printf("shu ru ge pai de hua se he dian shu :\n");
 for(i=0;i<n;i++)
   scanf("%d%d",&p[i].huase,&p[i].dianshu);        /* 输入一副牌 */
 for(j=1;j<n;j++)                     /* 采用冒泡排序法排序 */
```

```
                for(i=0;i<n-j;i++)
                  if(p[i].huase>p[i+1].huase&&p[i].dianshu>p[i+1].dianshu)
                    {x=p[i].huase;
                     p[i].huase=p[i+1].huase;
                     p[i+1].huase=x;
                     x=p[i].dianshu;
                     p[i].dianshu=p[i+1].dianshu;
                     p[i+1].dianshu=x;
                    }
            printf("pai xu hou de yi fu pai wei :\n");
            for(i=0;i<n;i++)
              printf("%5d%5d",p[i].huase,p[i].dianshu);
        }
```

3.9.5 设计描述学生成绩单（包括学号、姓名和 4 门课程）的数据类型，编出如下函数：

（1）输入全体学生的信息；

（2）统计每个人的各门功课（设只有 4 门课）的平均成绩及总成绩；

（3）统计全班每门课程的平均分；

（4）输出一个学生的信息。

```
            #include <stdio.h>
            struct student
              {int xh;
               char xm[10];
               int k1;
               int k2;
               int k3;
               int k4;
              }s[100];                  /* 定义全局结构体数组，以方便各子函数访问 */
            int a[100];                  /* a 数组存储每人的总分 */
            float b[100];                /* b 数组存储平均分 */
            void shr(struct student s[ ],int n)
            {int i;
             for(i=0;i<n;i++)
               scanf("%d%s%d%d%d%d",&s[i].xh,s[i].xm,&s[i].k1,&s[i].k2,&s[i].k3,&s[i].k4);
            }                            /* 注意 s[i].xm 前不需再加&，因为数组名代表数组首元素地址 */
            void tjmr(struct student s[ ],int n)
            { int i;
             for(i=0;i<n;i++)
               {a[i]=s[i].k1+s[i].k1+s[i].k1+s[i].k1;
                b[i]=a[i]/4.0;           /* 平均分可能带小数，一定要除以 4.0，否则会丢失小数 */
               }
            }
            void shch(struct student s[ ],int n)
            { int i;
             float zk1,zk2,zk3,zk4;
             zk1=zk2=zk3=zk4=0;
             for(i=0;i<n;i++)
               { zk1+=a[i].k1;
                 zk2+=a[i].k2;
                 zk3+=a[i].k3;
                 zk4+=a[i].k4;
               }
            printf("ge men ke cheng ping jun fen wei :\n");
```

```
    printf("%f,%f,%f,%f",zk1/4,zk2/4,zk3/4,zk4/4);
    }
void shch(struct student s[ ],int n)
{ int i;
 for(i=0;i<n;i++)
 print("%d,%s,%d,%d,%d,%d,%d,%f\n",s[i].xh,s[i].xm,s[i].k1,s[i].k2,s[i].k3,s[i].
 k4,a[i],b[i]);
 }
void main( )
{int n;                   /* 设 n 代表学生人数 */
 printf("shu ru ban ji ren shu :\n");
 scanf("%d",&n);
 shr(s,n);
 tjmr(s,n);
 tjbj(s,n);
 shch(s,n);
 }
```

3.9.6　一家公司用计算机管理会计账目,其中应收账款文件记录所有欠款单位的欠款明细账,每一条记录按发货日期顺序记载着如下信息:

　　欠款单位　　　发货单号　　　发货日期　　　金额

编程为该公司打印如下所示的账龄分析统计表。

　　欠款单位:

发货单号	发货日期	≤30 天额	31~60 天额	61~90 天额	>90 天额
合计					

```
#include <stdio.h>
#include <string.h>
int tianshu(long d)                 /* 计算某日期是该年的第几天 */
{ int month,day;
month=d%10000/100;                  /* 求出用 long 型表示的日期对应的月和日 */
day=d%100;
switch(month)
  { case 1:n=day;break;
    case 2:n=31+day;break;
    case 3:n=31+28+day;break;
    case 4:n=2*31+28+day;break;
    case 5:n=2*31+28+30+day;break;
    case 6:n=3*31+28+30+day;break;
    case 7:n=3*31+28+2*30+day;break;
    case 8:n=4*31+28+2*30+day;break;
    case 9:n=5*31+28+2*30+day;break;
    case 10:n=5*31+28+3*30+day;break;
    case 11:n=6*31+28+3*30+day;break;
    case 12:n=6*31+28+4*30+day;break;
  }
 return n;
 }
```

```
void main( )
{ struct yshzh
   {char dw[20];
    int dh;
    long rq;                              /* 设日期为一个形如 20100101 的 8 位数 */
    int je;
   }y[100];
  int n,i,k1,k2,k3,k4,tsh,k1e,k2e,k3e,k4e;
  char name[20];
  printf("shu ru ying shou zhang kuan ji lu shu :\n");
  scanf("%d",&n);
  for(i=0;i<n;i++)
    scanf("%s%d%ld%d",y[i].dw,&y[i].dh,&y[i].rq,&y[i].je); /*long型用%ld格式输入 */
  printf("shu ru qian kuan dan wei ming cheng :\n");
  scanf("%s",name);
  printf("dan wei :%s\n",name);
  printf("fa huo dan hao \t fa huo ri qi \t <=30 \t 31~60 \t 61~90 \t >90 \n");
  k1e=k2e=k3e=k4e=0;
  for(i=0;i<n;i++)
    {if(strcmp(y[i].dw,name)==0)
      {tsh=tianshu(y[i].rq);              /* 为简化程序，计算天数时以本年 1 月 1 日为准 */
       tsh/=30;
       switch(tsh)
        {case 0:k1=1;k2=k3=k4=0;break;
         case 1:k2=1;k0=k3=k4=0;kreak;
         case 2:k3=1;k0=k1=k2=0;break;
         default:k4=1;k1=k2=k3=0;break;
         }
       printf("%d\t%ld\t%d\t%d\t%d\t%d\n",y[i].dh,y[i].rq,y[i].je*k1,
         y[i].je*k2,y[i].je*k3,y[i].je*k4);
       k1e+=y[i].je*k1;
       k2e+=y[i].je*k2;
       k3e+=y[i].je*k3;
       k4e+=y[i].je*k4;
      }
    }
  printf("he ji \t\t%d\t%d\t%d\t%d\n",k1e,k2e,k3e,k4e);
}
```

3.9.7 定义表示学生信息的数据类型 person，该类型记录姓名、出生日期、地址、身份证号码、获得学分总数和所学专业。

设计保存学生信息的数据结构；分别设计输入、输出函数；利用这两个函数构造人员管理系统，该系统具有一般人事管理系统的录入、修改、查询、删除、统计功能。查询要求可以按姓名、学生学号查询；统计要求可以按学生所学专业、学分统计。

```
#include <stdio.h>
#include <string.h>
 struct person
  {char xm[10];
   int xh;
   long rq;
   char dzh[30];
   char shfzhh[18];
```

```
     int xf;
      char zy[10];
     }s[100];                        /* 用全局数组 s 代表学生, 可方便各子函数访问 */
   int n;                            /* 用全局变量 n 代表学生总数, 可方便各子函数访问 */
 void shr(struct person s[ ])        /* 输入全体学生信息 */
 { int i;
  for(i=0;i<n;i++)
  scanf("%s%d%ld%s%s%d%s",s[i].xm,&s[i].xh,&s[i].rq,s[i].dzh,s[i].shfzhh,&s[i].
  xf,s[i].zy);
 }
 void lr(struct person s[ ])
 {printf("lu ru 1 ge xin sheng xin xi \n");
  scanf("%s%d%ld%s%s%d%s",s[n].xm,&s[n].xh,&s[n].rq,s[n].dzh,s[n].shfzhh,&s[n].xf,
  s[n].zy);
  n++;
 }
 void xg(struct person s[ ])
 {int xuehao,i;
  printf("shu ru bei xiu gai xue sheng de xue hao \n");
  scanf("%d",&xuehao);
  for(i=0;i<n;i++)
    if(s[i].xh==xuehao)  break;
  printf("shu ru gai sheng de ge xiang xin xi \n");
  scanf("%s%d%ld%s%s%d%s",s[i].xm,&s[i].xh,&s[i].rq,s[i].dzh,s[i].shfzhh,&s[i].xf,
  s[i].zy);
 }
 void chx(struct person s[ ])
 {int f,i;
  char xingming[10];
  int xuehao;
  printf("shu ru cha xu lei xing 1: an xing ming ,2: an xue hao \n");
  scanf("%d",&f);
  if(f==1)
    {printf("shu ru xue sheng de xing ming \n");
     scanf("%s",xingming);
     for(i=0;i<n;i++)
       if(strcmp(s[i].xm,xingming)==0) break;
      printf("xue sheng xin xi wei : \n");
  printf("%s,%d,%ld,%s,%s,%d,%s",s[i].xm,s[i].xh,s[i].rq,s[i].dzh,s[i].shfzhh,
  &s[i].xf,s[i].zy);
     }
    else
      {printf("shu ru xue sheng de xue hao \n");
       scanf("%d",&xuehao);
       for(i=0;i<n;i++)
       if(s[i].xh==xuehao) break;
        printf("xue sheng xin xi wei : \n");
  printf("%s,%d,%ld,%s,%s,%d,%s",s[i].xm,s[i].xh,s[i].rq,s[i].dzh,s[i].shfzhh,
  &s[i].xf,s[i].zy);
      }
 }
 void jt(struct person s[ ])
 {int f,i,zts=0,xfs=0;
  char zhuanye[10];
  int xuefen;
  printf("shu ru tong jilei xing 1: an zhuan ye ,2: an xue fen \n");
```

```
    scanf("%d",&f);
    if(f==1)
      {printf("shu ru zhuan ye \n");
       scanf("%s",zhuanye);
       for(i=0;i<n;i++)
          if(strcmp(s[i].zy,zhuanye)==0) zys++;
       printf("xiu gai zhuan ye ren shu wei %d \n",zys);
      }
    else
      {printf("shu ru xue fen \n");
       scanf("%d",&xuefen);
       for(i=0;i<n;i++)
          if(s[i].xf==xuefen) xfs++;
       printf("xiu gai xue fen ren shu wei %d \n",xfs);
      }
  }
void shch(struct person s[ ])
{int i;
 for(i=0;i<n;i++)
 printf("%s,%d,%ld,%s,%s,%d,%s",s[i].xm,s[i].xh,s[i].rq,s[i].dzh,s[i].shfzhh,
 s[i].xf,s[i].zy);
 }
void main( )
{printf("shu ru ren shu :\;");
 scanf("%d",&n);
 shr(s);                    /* 输入全体学生 */
 lr(s);                     /* 录入 1 个学生, 将其追加到最后 */
 xg(s);                     /* 按学号修改某生信息 */
 chx(s);                    /* 查询某生信息 */
 tj(s);                     /* 统计信息 */
 shch(s);                   /* 输出全体学生 */
 }
```

3.10　指　　针

3.10.1　编写函数, 分别求给定字符串中大写字母、小写字母、空格、数字和其他符号的数目。

```
#include <stdio.h>
#include <string.h>
void f(char * s)
{int n1,n2,n3,n4,n5;
 n1=n2=n3=n4=n5=0;
 while(*s)
   {
    if(*s>='A'&&*s<='Z')
    n1++;             /* n1 代表大写字母数 */
    if(*s>='a'&&*s<='z')
    n2++;             /* n2 代表小写字母数 */
    if(*s==' ')
    n3++;             /* n3 代表空格数 */
```

```
      if(*s>='0'&&*s<='9')
        n4++;                        /* n4 代表数字数 */
        n5++;                        /* n5 代表总数 */
        s++;
      }
    printf("da xie, xiao xie, kong ge, shu zi, qi ta \n");
    printf("%d,%d,%d,%d,%d",n1,n2,n3,n4,n5-n1-n2-n3-n4);
}
void main( )
{char s[100];
 gets(s);
 f(s);
}
```

3.10.2　编写函数，把给定字符串从 m 开始的字符复制到另一个指定的字符串中。

```
#include <stdio.h>
#include <string.h>
void f(char *a,char *b,int m)
{a+=m;                         /* 指向第 m 个字符 */
 while(*a)
   *b++=*a++;
 *b='\0';
}
void main( )
{char a[100],b[100];
 int m;
 gets(a);
 scanf("%d",&m);
 f(a,b,m);
 puts(b);
}
```

3.10.3　编写函数 insert(char * s1,char * s2,int v)，在字符串 s1 的第 v 个字符处插入字符串 s2。若 s1="abcde"，s2="123"，v=2，则插入后 s1="ab123cde"。

```
#include <stdio.h>
#include <string.h>
void insert(char * s1,char * s2,int v)
{char s[100];
 int i;
 i=0;
 s1+=v;                      /* 找到插入位置 */
 while(* (s1+i))             /* 暂存插入位置后的字符 */
   {s[i]= * (s1+i);
     i++;
   }
 s[i]='\0';
 while(*s2)                  /* 插入串 */
   {*s1=*s2;
     s1++;
     s2++;
   }
 i=0;
```

```
    while(s[i])                    /* 加上暂存字符 */
      {*s1=s[i];
       i++;
       s1++;
      }
    *s1='\0';
}
void main( )
{char a[100],b[100];
 int v;
 gets(a);
 gets(b);
 scanf("%d",&v);
 insert(a,b,v);
 puts(a);
}
```

3.10.4 编写函数，用指针作参数，实现把字符串 str 反向。

```
#include <stdio.h>
#include <string.h>
void f(char *s)
{int n,i;
 char c;
 n=strlen(s);
 for(i=0;i<n/2;i++)
   {c=* (s+i);
    *(s+i)=*(s+n-i-1);          /* *(s+i)与*(s+n-i-1)为对称元素 */
    *(s+n-i-1)=c;
   }
}
void main( )
{char str[100];
 gets(str);
 f(str);
 puts(str);
}
```

3.10.5 编写函数，用指向指针的指针实现对给定的 n 个整数按递增顺序输出，要求不改变这 n 个数原来的顺序。

```
#include <stdio.h>
void main( )
{int a[100],n,i,j;
 int * c[100],*p;
 scanf("%d",&n);
 for(i=0;i<n;i++)
   scanf("%d",&a[i]);
 for(i=0;i<n;i++)                /* 用指针数组的指针指向每一个数 */
   c[i]=&a[i];
 for(j=0;j<n-1;j++)             /* 用冒泡排序法调整指针，使其指向数据为升序*/
   for(i=0;i<n-j-1;i++)
     if(*c[i]>*c[i+1])
       { p=c[i];
         c[i]=c[i+1];
```

```
        c[i+1]=p;
        }
    for(i=0;i<n;i++)
        printf("%4d",*c[i]);
    }
```

3.10.6　编写函数，对给定的 n 个整数进行位置调整。调整方案是：后面 m 个数移到最前面，而前面的 n–m 个数顺序向后串。例如，n=5，5 个数为：1，2，3，4，5，m=3。移动后的顺序为：3，4，5，1，2。

```
#include <stdio.h>
void f(int *s,int n,int m)    /* 可以采用循环右移的思想，m=3 时循环右移 3 遍 */
{int i,j,x,*p;
 p=s+n-1;
 for(i=0;i<m;i++)
   {p=s+n-1;
    x=*p;
    for(j=0;j<n-1;j++)          /* 循环右移 1 遍 */
    {*p=*(p-1);
     p--;
     }
    *p=x;
    }
}
void main( )
{int a[100],n,m,i;
 scanf("%d",&n);
 for(i=0;i<n;i++)
    scanf("%d",&a[i]);
 scanf("%d",&m);
 f(a,n,m);
 for(i=0;i<n;i++)
    printf("%4d",a[i]);
 }
```

3.10.7　编写函数，输入一个字符串，例如：

123bc456　d7890 * 12///234ghjj987

把字符串中连续数字合并，作为整数存入 int 类型数组中，并输出。

```
#include <stdio.h>
#include <string.h>
void f(char *s)
{int a[100],i,x,n,f;
 i=0;
 f=0;                           /* 用 f 表示状态，0 表示当前为非数字；1 表示当前为数字 */
 while(*s)
   {if(!(*s>='0'&&*s<='9'))
     {if(f==1)                  /* 当前为非数字，且前一字符为数字 */
        a[i++]=x;
      f=0;
      }
    else if(f==0)               /* 当前为数字，且前一字符为非数字 */
        {f=1;
```

```
         x=*s-'0';
        }
     else                      /* 当前为数字，且前一字符亦为数字 */
         x=x*10+*s-'0';
    s++;
   }
 if(f==1)  a[i++]=x;
 n=i;
 for(i=0;i<n;i++)
   printf("%6d",a[i]);
}
void main( )
{char c[100];
 gets(c);
 f(c);
}
```

3.10.8 编程把 1，2，3，4，5，6，7，8，9 组合成 3 个 3 位数，要求每个数字仅用一次，使每个 3 位数为完全平方数。

```
#include <stdio.h>
int f(int x)                  /* 判断 x 是否为完全平方数 */
{int i;
 for(i=1;i<x/2;i++)
   if(i*i==x)
     return 1;
 return 0;
}
void main( )
{int i,j,k,n;
 int a[100],m=0;
 for(i=1;i<10;i++)
   for(j=1;j<10;j++)
     for(k=1;k<10;k++)
       {if(i!=j&&i!=k&&j!=k)
        n=i*100+j*10+k;
        if(f(n))
         a[m++]=n;            /* 数组 m 存放每位数字均不相同的完全平方数 */
       }
 for(j=0;j<m-1;j++)           /* 为了后续计算先将 a 中元素按升序排序 */
   for(i=0;i<m-1-j;i++)
    if(a[i]>a[i+1])
     {k=a[i];
      a[i]=a[i+1];
      a[i+1]=k;
     }
 for(i=0;i<m;i++)             /* 去掉重复数据 */
   for(j=i+1;j<m;j++)
    if(a[j]==a[i])
     {for(k=j;k<m-1;k++)
       a[k]=a[k+1];
      m—;
     }
 n=0;
```

```
            for(i=0;i<m;i++)                        /* 找出 3 个各数字仅用一次的一组数 */
              for(j=i+1;j<m;j++)
                for(k=j+1;k<m;k++)
                  {n=0;
                   if(a[i]/100==a[j]/100)n++;       /* 下列判断保证每数字仅用一次 */
                   if(a[i]/100==a[j]/10%10)n++;
                   if(a[i]/100==a[j]%10)n++;
                   if(a[i]/100==a[k]/100)n++;
                   if(a[i]/100==a[k]/10%10)n++;
                   if(a[i]/100==a[k]%10)n++;
                   if(a[i]/10%10==a[j]/100)n++;
                   if(a[i]/10%10==a[j]/10%10)n++;
                   if(a[i]/10%10==a[j]%10)n++;
                   if(a[i]/10%10==a[k]/100)n++;
                   if(a[i]/10%10==a[k]/10%10)n++;
                   if(a[i]/10%10==a[k]%10)n++;
                   if(a[i]%10==a[j]/100)n++;
                   if(a[i]%10==a[j]/10%10)n++;
                   if(a[i]%10==a[j]%10)n++;
                   if(a[i]%10==a[k]/100)n++;
                   if(a[i]%10==a[k]/10%10)n++;
                   if(a[i]%10==a[k]%10)n++;
                   if(a[j]/100==a[k]/100)n++;
                   if(a[j]/100==a[k]/10%10)n++;
                   if(a[j]/100==a[k]%10)n++;
                   if(a[j]/10%10==a[k]/100)n++;
                   if(a[j]/10%10==a[k]/10%10)n++;
                   if(a[j]/10%10==a[k]%10)n++;
                   if(a[j]%10==a[k]/100)n++;
                   if(a[j]%10==a[k]/10%10)n++;
                   if(a[j]%10==a[k]%10)n++;
                   if(n==0)
                   printf("\n%5d%5d%5d",a[i],a[j],a[k]);
                  }
          }
```

3.10.9　编程用指针传递参数，实现两个字符串的互换。

```
#include <stdio.h>
#include <string.h>
void swap(char *p1,char *p2)
{char c[10];
 strcpy(c,p1);
 strcpy(p1,p2);
 strcpy(p2,c);
}
void main( )
{char c1[10]="123",c2[10]="abc";
 swap(c1,c2);
 puts(c1);
 puts(c2);
}
```

3.10.10　编程利用指针参数实现对读入的某个角度计算它的正弦、余弦和正切。

```
#include <stdio.h>
#include <math.h>
```

```
void f1(float *q)
{printf("zheng xian=%f\n",sin(*g*3.14/180);
}
void f1(float *q)
{printf("zheng xian=%f\n",cos(*g*3.14/180);
}
void f3(float *q)
{printf("zheng qie=%f\n",tan(*g*3.14/180);
}
void main( )
{floar x, *p;
 scanf("%f",&x);
 p=&x;
 f1(p);
 f2(p);
 f3(p);
}
```

3.10.11 编写函数，使得仅通过此函数便可计算两个整数的加减乘除 4 种运算。

```
#include <stdio.h>
void f(float x,float y,char *p)
{switch(*p)
   {case '+' :printf("%f + %f = %f \n",x,y,x+y);break;
    case '-' :printf("%f -%f = %f \n",x,y,x-y);break;
    case '*' :printf("%f * %f = %f \n",x,y,x*y);break;
    case '/' :printf("%f / %f = %f \n",x,y,x/y);break;
   }
}
void main( )
{char c, *p;
 int x,y;
 printf("shu ru yi ge yun suan fu : ");
 c=getchar( );
 p=&c;
 printf("shu ru liang ge shu : ");
 scanf("%f%f",&x,&y);
 f(x,y,p);
}
```

3.11 文 件

3.11.1 编写一个统计文本文件中字符个数的程序。

```
#include <stdio.h>
void main( )
{FILE * fp;
 int n=0;
 char c;
 if((fp=fopen("a1.txt","r"))==NULL)          /* 设文本文件为 a1.txt */
   {printf("cannot open infile\n");
    exit(0);}
```

```
  do{c=fgetc(fp);
    n++;
    }while(!feof(fp))
  printf("zi fu ge shu = %d\n",n);
  fclose(fp);
  }
```

3.11.2　编写一个统计文本文件中行数的程序。

```
#include <stdio.h>
void main( )
{FILE * fp;
 int n=0;
 char c;
 if((fp=fopen("a1.txt","r"))==NULL)    /* 设文本文件为 a1.txt */
   {printf("cannot open infile\n");
    exit(0);}
 do{c=fgetc(fp);
    if(c=='\n') n++;
    }while(!feof(fp))
 printf("hang shu = %d\n",n);
 fclose(fp);
 }
```

3.11.3　统计给定的 ASCII 文件中各字母的出现频率。

```
#include <stdio.h>
void main( )
{FILE * fp;
 int a[27]={0};                        /* 设 a[1] 至 a[26] 分别代表 A 至 Z 的出现频率 */
 int n=0,i;                            /* 设 n 代表字母出现的总数 */
 char c;
 if((fp=fopen("a1.txt","r"))==NULL)    /* 设 ASCII 文件为 a1.txt */
   {printf("cannot open infile\n");
    exit(0);}
 do {c=fgetc(fp);
    if(c>='a'&&c<='z') c=c-32;         /* 将小写字母转换成大写字母 */
    if(c>='A'&&c<='Z') a[c-'a'+1]++;   /* 计算各字母的出现频率 */
    }while(!feof(fp))
 for(i=1;i<=26;i++)
   n+=a[i];                           /* 求出各字母出现的总数 */
 printf("ge zi mu chu xian de pin lv wei :\n");
 for(i=1;i<=26;i++)
   printf("zi mu %c chu xian de pin lv = %d\n",64+i,a[i]/n);
 fclose(fp);
 }
```

3.11.4　写一个程序判断任意给定的两个 ASCII 文件是否相等。

```
#include <stdio.h>
void main( )
{FILE * fp1, * fp2;
 int f=1;                             /* f 作是否相等的标志, 预设为相等 */
 char c1,c2;
 if((fp1=fopen("a1.txt","r"))==NULL)  /* 设第 1 个 ASCII 文件为 a1.txt */
   {printf("cannot open infile\n");
```

```
      exit(0);}
      if((fp2=fopen("a2.txt","r"))==NULL)          /* 设第 2 个 ASCII 文件为 a2.txt */
      {printf("cannot open infile\n");
      exit(0);}
  do{c1=fgetc(fp1);
      c2=fgetc(fp2);
      if(c1!=c2)   f=0;                             /* 有不相等字符时，将标志置为 0 */
      }while(f&&!feof(fp1)&&!feof(fp2))
  if(f)
    printf("liang wen jian xiang deng . \n");
  else
    printf("liang wen jian bu deng . \n);
  fclose(fp1);
  fclose(fp2);
  }
```

3.11.5 编程把 ASCII 文件 f 的所有奇数行复制到文件 g 中。

```
#include <stdio.h>
void main( )
{FILE * fp1, * fp2;
 int n=1;
 char c;
 if((fp1=fopen("f","r"))==NULL)              /* f 的使用模式为"r" */
   {printf("cannot open infile\n");
    exit(0);}
 if((fp2=fopen("g","w"))==NULL)              /* g 的使用模式为"w" */
   {printf("cannot open infile\n");
    exit(0);}
 do{c=fgetc(fp1);
    if(n%2==1)
      fputc(c,fp2);
    if(c=='\n')
      n++;
   }while(!feof(fp1))
 fclose(fp1);
 fclose(fp2);
 }
```

第4章
考 试 样 题

4.1 考试样题一

一、基础知识（每题 2 分，共 20 分）

1. 设 int b=2;，表达式(b<<2)/(b>>1)的值是（　　）。

    A. 0　　　　　　　　B. 2　　　　　　　　C. 4　　　　　　　　D. 8

2. 下列程序执行后的输出结果是（　　）。

```
void main( )
{ char x=0xFFFF; printf("%d \n",x—); }
```

    A. −32767　　　　　B. FFFE　　　　　　C. −1　　　　　　　D. −32768

3. 若有以下调用语句，则不正确的 fun 函数的首部是（　　）。

```
void main( )
 { …
 int a[50],n;
 …
 fun(n, &a[9]);
 …
 }
```

    A. void fun(int m, int x[ ])　　　　　　B. void fun(int s, int h[10])

    C. void fun(int p, int *s)　　　　　　D. void fun(int n, int a)

4. 设已有定义：char *st="how are you";，下列程序段中不正确的是（　　）。

    A. char a[11], *p; strcpy(p=a+1,&st[4]);

    B. char a[11]; strcpy(++a, st);

    C. char a[11]; strcpy(a, st);

    D. char a[11], *p; strcpy(p=&a[1],st+2);

5. 下列程序执行后的输出结果是（　　）。

```
#define Hello(x)  x/(x-1)
void main( )
{ int a=1,b=2; printf("%d \n",Hello(a-b));}
```

    A. 0　　　　　　　　B. 0.5　　　　　　　C. 2　　　　　　　　D. 4

6. 变量 a 所占内存字节数是（　　）。

```
union U
```

```
{ char st[4];
 int i;};
struct A
{ int c;
   union U u;
}a;
```

A. 4　　　　　　　B. 5　　　　　　　C. 6　　　　　　　D. 8

7. 设有定义：int a, *pa=&a;，以下 scanf 语句中能正确为变量 a 读入数据的是（　　）。

A. scanf("%d",pa);　　　　　　　　B. scanf("%d",a);

C. scanf("%d",&pa);　　　　　　　D. scanf("%d",*pa);

8. 以下 4 组用户定义标识符中，全部合法的一组是（　　）。

A. _main	B. if	C. txt	D. int
enclude	-max	REAL	k_2
sin	turbo	3COM	_001

9. 设有定义：float a=2,b=4,h=3;，以下 C 语言表达式与代数式 $\dfrac{a+b}{2}\times h$ 计算结果不相符的是（　　）。

A. (a+b)*h/2　　　　　　　　B. (1/2)*(a+b)*h

C. (a+b)*h*1/2　　　　　　　D. h/2*(a+b)

10. 以下 4 个选项中，不能看作一条语句的是（　　）。

A. { x=0;y=0;}　　　　　　　　B. a=0,b=0,c=0;

C. if(a>0);　　　　　　　　　　D. if(b==0) m=1;n=2;

二、输出结果（每题 5 分，共 30 分）

1. 下列程序输出结果为（　　）。

```c
#include<stdio.h>
void main( )
{int  s=0,t=1;
 int i;
 for(i=1;i<=5;i++)
 { t=t*i;
   s=s+t; }
 printf("%d\n",s);
}
```

2. 下列程序输出结果为（　　）。

```c
#include<stdio.h>
void main( )
{int a[ ]={1,2,3,4,5,},b[5],n,i;
 n=4;
 for(i=0;i<=4;i++,n—)
  b[n]=a[i];
 for(i=0;i<=4;i++)
  printf("%3d",b[i]);
 printf("\n");
}
```

3. 下列程序输出结果为（　　）。

```c
#include<stdio.h>
void fun(int p)
{ int d=5;
```

```
    d+=p++;
    printf("%d,", d);
}
void main( )
{ int a=3,d=4;
  fun(a);
  d+=a++;
  printf("%d\n", d);
}
```

4. 下列程序输出结果为（　　）。

```
#include<stdio.h>
void fut(int *s, int p[6])
{*s=p[4];}
void main( )
{
  int a[6]={1, 3, 5, 7, 9, 11}, *p;
  p=&a[3];
  fut(p, a);
  printf("%d\n", *p);
}
```

5. 下列程序输出结果为（　　）。

```
#include<stdio.h>
void main( )
{int t,x,y;
t=18;
x=2;
while((t/x)!=x+2&&x<=t/2)
 x=x+2;
if(t/x==x+2)
 y=x+2;
else y=x+5;
printf("%dand%d\n",x,y);
}
```

6. 下列程序输出结果为（　　）。

```
#include <stdio.h>
void main( )
{ struct student
     {long int num;
      char name[20];
      char sex;
      float score;
     }stu_1, *p;
  p=&stu_1;
  stu_1.num=89101;
  strcpy(stu_1.name,"Li Lin");
  p->sex='M';
  p->score=89.5;
  printf("\nNo:%ld\nname:%s\nsex:%c\nscore:%f\n",
       (*p).num,p->name,stu_1.sex,p->score);
}
```

三、填空题（每空 2 分，共 24 分）

1. 程序的功能是：将一个磁盘文件中的信息复制到另一个磁盘文件中。

```
#include <stdio.h>
void main()
{FILE *in, 【1】;
 char infile[10],outfile[10];
 printf("Enter the infile name:\n");
 scanf("%s",infile);
 printf("Enter the outfile name:\n");
 scanf("%s",outfile);
 if((in=fopen(infile, "r"))==NULL)
  {printf("cannot open infile\n");
    exit(0);
    }
 if((out=fopen(outfile, "w"))==NULL)
   {printf("cannot open outfile\n");
    exit(0);
    }
 while(【2】) fputc(fgetc(in),out);
  【3】;
 fclose(out);
}
```

2. 程序的功能是：从键盘输入若干个学生的成绩，统计并输出最高成绩和最低成绩，当输入负数时结束输入。

```
#include <stdio.h>
main( )
{float x,amax,amin;
 scanf("%f",&x);
  【4】
 amin=x;
 while(【5】)
   {if (x>amax)
     amax=x;
  if(x<amin)
    【6】
  scanf("%f",&x);
    }
 printf("\namax=%f\namin=%f\n",amax,amin);
}
```

3. 程序的功能是：对输入的两个数按升序输出。

```
#include <stdio.h>
void main( )
{void swap(int * p1,int * p2);
int a,b;
int *p_1, *p_2;
scanf("%d,%d",&a,&b);
 【7】
 p_2=&b;
 if(a>b)  【8】;
 printf("%d,%d\n",a,b);
}
```

```
void swap(int * p1,int * p2)
{int temp;
 temp=*p1;
 【9】;
 *p2=temp;
}
```

4. 程序的功能是：求 $S = a + aa + aaa + \cdots + \overbrace{aa \cdots a}^{n个a}$ 的值。其中，a 是一个一位数字，n 表示 a 的位数。

```
#include <stdio.h>
void main( )
{int 【10】,k=0,a,n,i;
 scanf("%d%d",&a,&n);
 for(i=1; 【11】;i++)
{k= 【12】+a;
 s=s+k;}
printf("s=%d\n",s);
}
```

四、问答题（本题 17 分）

1.
```
#include "stdio.h"
#include "math.h"
void main( )
{int n,i,m;
 scanf("%d",&n);
 m=sqrt((float)n);
 i=2;
 while(i<=m&&n%i!=0)
  i++;
 if(i>m) printf("yes");
 else printf("no");
}
```

问题 1：(float)n 的作用是什么？（3 分）

问题 2：m 除了可以取 sqrt(float(n))外一般还可以取哪两个值？（4 分）

问题 3: 本程序的功能是什么？（4 分）

2.
```
#include<stdio.h>
void main( )
 {char *p="abcdefg";
  printf("%s\n",p+3);}
```

问题 4：输出是什么？（3 分）

问题 5：printf("%s\n",p+3)与 puts(p+3)是否等价？（3 分）

五、改错题（每错 3 分，共 9 分）

（注：请在答题卡上写出正确的语句）

1. 本题计算 Fibonacci 数列的前 20 项并且输出（每行 5 个）。

```
#include <stdio.h>
void main( )
    {
    int i;
    int f[20]={1,1};
```

```
        for(i=2;i<=20;i++)                /*****Error******/【1】
          f[i]=f[i-2]+f[i-1];
        for(i=0;i<20;i+)
          {
            if(i%5=0) printf("\n");       /*****Error******/【2】
            printf("%12d",f[i]);
          }
      }
```

2. 本程序功能是：输出二维数组 a 中所有元素的值。

```
#include <stdio.h>
void main( )
{ int a[3][4]={1,3,5,7,9,11,13,15,17,19,21,23};
  int *p;
  for(p=a[0];p<a+12;p++)                  /*****Error******/【3】
    { if((p-a[0])%4==0)printf("\n");
      printf("%4d",*p);
    }
}
```

参考答案

一、基础知识（每题 2 分，共 20 分）

1. D   2. C   3. D   4. B   5. C
6. C   7. A   8. A   9. B   10. D

二、输出结果（每题 5 分，共 30 分）

1. 结果：153
2. 结果：5 4 3 2 1
3. 结果：8，7
4. 结果：9
5. 结果：10and15
6. 结果：No:89101

    name:Li Lin

    sex:M

    score:89.500000

三、填空题（每空 2 分，共 24 分）

【1】* out   【2】!feof(in)
【3】fclose(in)   【4】amax=x;
【5】x>=0   【6】amin=x;
【7】p_1=&a;   【8】swap(p_1,p_2)或 swap(&a,&b)
【9】*p1=*p2;   【10】s=0
【11】i<=n   【12】k*10

四、问答题（本题 17 分）

问题 1：整数 n 变浮点型

问题 2：n/2 或 n-1

问题 3：判断输入的数是否是素数

问题 4：defg

问题 5：等价

五、改错题（每错 3 分，共 9 分）

【1】i<=20 → i < 20 或 i <= 19

【2】i%5=0 → i%5==0

【3】p<a+12 → p<&a[0][0]+12 或 p<a[0]+12 等多个答案

4.2 考试样题二

一、基础知识（每题 2 分，共 20 分）

1. 若 int a[3][4]={{1,3,5,7},{9,11,13,15},{17,19,21,23}};, 则数值为 9 的表达式是（　　）。

    A. a[1]　　　　B. *(a+1)　　　　C. *(*(a+1))　　　　D. *a+1

2. 以下语句的输出结果是（　　）。

```
printf("%d\n",strlen("\t\"\065\xff\n"));
```

    A. 5　　　　B. 14　　　　C. 9　　　　D. 6

3. 下面程序的输出结果是（　　）。

```
int i=65536;
printf("%d\n", i);
```

    A. −1　　　　B. 1　　　　C. 0　　　　D. 65536

4. 若有条件表达式(exp)?a++:b—;，则以下表达式中能完全等价于表达式(exp)的是（　　）。

    A. (exp==0)　　　　　　　　B. (exp!=0)

    C. (exp==1)　　　　　　　　D. (exp!=1)

5. 对一维数组 a 的正确说明是（　　）。

    A. int a(10);　　　　　　　　B. int n=10,a[n];

    C. int n;　　　　　　　　　　D. #define SIZE 10
       scanf("%d",&n);　　　　　　　　int a[SIZE];
       int a[n];

6. 以下程序的输出结果是（　　）。

```
#include<stdio.h>
void main( )
{int i=010,j=10;
 printf("%d,%d\n",++i,j—);
}
```

    A. 11,10　　　　　　　　　　B. 9,10

    C. 010,9　　　　　　　　　　D. 10,9

7. 设 x、y、t 均为 int 型变量，则执行语句：x=y=3;t=++x||++y;后，y 的值为（　　）。

    A. 不定值　　　　B. 3　　　　C. 4　　　　D. 1

8. 若 a 为 int 类型，且其值为 12，则执行完表达式 a+=a-=a*=a 后，a 的值是（　　）。

    A. −1　　　　B. 144　　　　C. 0　　　　D. −126

9. 不是无限循环的语句为（　　）。

    A. for(y=0,x=1;x>++y;x=i++)i=x;　　　　　　　　B. for(;;x++=i);

   C. while(1){x++;}   D. for(i=10; ;i—) sum+=i;

10. 判断字符串 a 和 b 是否相等，应当使用（　　　）。

   A. if(a==b)   B. if(a=b)

   C. if(strcpy(a,b))   D. if(strcmp(a,b))

二、输出结果（每题 5 分，共 30 分）

1. 下列程序输出结果为（　　　）。

```
#include <stdio.h>
void main( )
{int a=15;
 printf("%d",a=a<<2);
}
```

2. 下列程序输出结果为（　　　）。

```
#include <stdio.h>
void main( )
{int n,i,s;
 n=28;
 s=1;
 for(i=2;i<n;i++)
   if(n%i==0)s+=i;
 if(s==n)
   printf("%d ⎵ Yes\n",n);
 else
   printf("%d ⎵ No\n",n);
}
```

3. 下列程序输出结果为（　　　）。

```
#include <stdio.h>
void main( )
{int i,j,m,n;
 m=n=0;
 for(i=0;i<2;i++)
   for(j=0;j<2;j++)
     if(j>=i)m=1;n++;
 printf("%d\n",n);
}
```

4. 下列程序输出结果为（　　　）。

```
#include <stdio.h>
void fot(int *pl,int *p2)
{
 printf("%d,%d\n",* (pl++),++*p2);
}
int x=971,y=369;
void main( )
{
 fot(&x,&y);
 fot(&x,&y);
}
```

5. 下列程序输出结果为（　　　）。

```
#include<stdio.h>
```

```
struct abc
{int a,b,c;
};
void main( )
{struct abc s[2]={{1,2,3},{4,5,6}};
 int t;
 t=s[0].a+s[1].b;
 printf("%d\n",t);
}
```

6. 下列程序输出结果为（　　　　）。

```
#include <stdio.h>
void main( )
{int a,b;
 for(a=1,b=1;a<=50;a++)
    {if(b>=20)
      break;
    if(b%3==1)
     {b+=3;
       continue;
     }
    b-=5;
    }
 printf("%d\n",a);
}
```

三、填空题（每空 2 分，共 24 分）

1. 程序的功能是：用选择法对数组中 10 个整数按由小到大排序。

```
#include <stdio.h>
void main( )
{void sort(int array[ ],int n);
 int a[10],i;
 printf("enter the array\n");
 for(i=0;i<10;i++)
   scanf("%d",&a[i]);
 sort(【1】);
 printf("the sorted array:\n");
 for(i=0;i<10;i++)
   printf("%d⊔",a[i]);
 printf("\n");
}
void sort(int array[ ],int n)
{int i,j,k,t;
 for(i=0;i<n-1;i++)
   {k=i;
   for(【2】;j<n;j++)
     if(array[j]<array[k])
      【3】;
t=array[k];
   array[k]=array[i];
   array[i]=t;
   }
}
```

2. 以下程序的功能是：将无符号八进制数字构成的字符串转换为十进制整数。例如：输入的八进制字符串为 556，则输出十进制数 366。

```c
#include <stdio.h>
void main( )
{char *p,s[6];
 int n;
 gets(s);
 p=【4】;
 n=*p-'0';
 while(【5】!='\0') n=n*8+*p-'0';
 printf("【6】\n",n);
}
```

3. 以下程序的功能是：求两整数的最大公约数。

```c
#include <stdio.h>
int gongyue(int a,int b)
{int temp;
 if(b>a)
    {temp=a;
     【7】;
     b=temp;
     }
  while(【8】)
    {temp=a%b;
     a=b;
     b=【9】;
     }
  return(a);
  }
  void main( )
  {int x=12,y=16;
   printf("zui da gong yue shu wei :%d\n",gongyue(x,y));
}
```

4. 以下程序的功能是：用递归方法计算学生的年龄。已知第一位学生年龄最小，为 10 岁，其余学生一个比一个大 2 岁，求第 5 位学生的年龄。

```c
#include<stdio.h>
int age(int n)
{int c;
 if (n==1)c=10;
 else  c=【10】;
 return (【11】);
}
void main()
{
 printf("age:%d\n",【12】);
}
```

四、问答题（本题 17 分）

1. 程序如下：

```c
#include <stdio.h>
void main( )
```

```
{void swap(int *p1,int *p2);
 int a,b;
 int *pointer_1, *pointer_2;
 scanf("%d,%d",&a,&b);
 pointer_1=&a;
 pointer_2=&b;
 if(a<b)
   swap(pointer_1,pointer_2);
 printf("\n%d,%d\n",a,b);
}
 void swap(int *p1,int *p2)
{int temp;
 temp=*p1;
 *p1=*p2;
 *p2=temp;
 }
```

问题 1：如果要使 a 值为 3，b 值为 8，应如何输入？（3 分）

问题 2：若按问题 1 中的要求输入，则输出结果是什么？（3 分）

问题 3：如果 swap( )函数如下，则输出结果是什么？（4 分）

```
 void swap(int *p1,int *p2)
{int *temp;
 temp=p1;
 p1=p2;
 p2=temp;
 }
```

2. 程序如下：

```
#include <stdlib.h>
#include <stdio.h>
void main( )
{FILE *in, *out;
 char infile[10],outfile[10];
 printf("Enter the infile name:\n");
 scanf("%s",infile);
 printf("Enter the outfile name:\n");
 scanf("%s",outfile);
 if((in=fopen(infile,"r"))==NULL)
   {printf("cannot open infile\n");
    exit(0);
    }
 if((out=fopen(outfile,"w"))==NULL)
   {printf("cannot open outfile\n");
    exit(0);
    }
 while(!feof(in))fputc(fgetc(in),out);
 fclose(in);
 fclose(out);
 }
```

运行时输入的两个字符串分别是"a.txt"和"b.txt"。

问题 4：如果文件 a.txt 的内容是："Hello!"，文件 b.txt 的内容是："World!"，程序运行后，文件 b.txt 的内容是什么？（3 分）

问题 5：如果运行时显示"cannot open infile"，表示什么含义？（4 分）

五、改错题（每错 3 分，共 9 分）

（注：请在答题卡上写出正确的语句）

1. 程序的功能是：逆置数组。若数组的值为：1，5，3，7，逆置后为：7，3，5，1。

```
#include <stdio.h>
void main( )
{int i,t,a[ ]={1,7,3,6,5,9};
  for(i=0;i<=5;i++)                    /*****Error*****/【  1  】
    t=a[i],a[i]=a[5-i],a[5-i]=t;
  for(i=0;i<6;i++)
    printf("%3f",a[i]);               /*****Error*****/【  2  】
  printf("\n");
}
```

2. 程序的功能是：输出斐波那契（Fibonacci）数列的第 10 项。

```
#include<stdio.h>
void main( )
{int i=1,j=1,k=0;
while(k++<=10)                        /*****Error*****/【  3  】
  j=j+i,i=j-i;
printf("%d\n",j);
}
```

参考答案

一、基础知识（每题 2 分，共 20 分）

1. C   2. A   3. C   4. B   5. D

6. B   7. B   8. C   9. A   10. D

二、输出结果（每题 5 分，共 30 分）

1. 结果：60

2. 结果：28⊔Yes

3. 结果：1

4. 结果：971,370

    971,371

5. 结果：6

6. 结果：8

三、填空题（每空 2 分，共 24 分）

【 1 】a,10   【 2 】j=i+1

【 3 】k=j   【 4 】s

【 5 】*++p   【 6 】%d

【 7 】a=b   【 8 】b!=0

【 9 】temp   【 10 】age(n-1)+2

【 11 】c   【 12 】age(5)

四、问答题（本题 17 分）

问题 1：3,8<Enter>

问题 2：8,3

问题 3：3,8

问题 4：Hello!

问题 5：表示文件不能打开

五、改错题（每错 3 分，共 9 分）

【1】for(i=0;i<=5;i++)　　→　for(i=0;i<=2;i++)

【2】printf("%3f",a[i]);　　→　printf("%3d",a[i]);

【3】while(k++<=10)　　→　while(k++<=7)

4.3　考试样题三

一、基础知识（每题 2 分，共 20 分）

1. 程序的运行结果是（　　　）。

```
#include<stdio.h>
#define MIN(x,y) (x)<(y)?(x):(y)
void main( )
{int i=10,j=15,k;
 k=10*MIN(i,j);
 printf("%d\n",k);
}
```

　　A. 10　　　　　　B. 15　　　　　　C. 100　　　　　　D. 150

2. 若 a 为 int 类型，且值为 10，则执行完表达式 a+=a-=a*=a*a 后，a 的值为（　　　）。

　　A. -1980　　　　B. 1980　　　　　C. -980　　　　　D. 0

3. 不是无限循环的语句是（　　　）。

　　A. for(y=0,x=1;x>++y;x=i++)i=x;

　　B. for(;;x=i,x++);

　　C. for(i=10;;i—)sum+=i;

　　D. while(1){x++;}

4. 有定义：char c[10]="abcde";，存储字符串"abcde"所用的空间最少为（　　　）。

　　A. 10　　　　　　B. 5　　　　　　C. 0　　　　　　D. 6

5. 有以下语句：

```
struct st
{int n;
 struct st *next;
};
struct st a[3]={5,&a[1],7,&a[2],9,'\0'},*p;
p=&a[0];
```

则以下表达式的值为 6 的是（　　　）。

　　A. p++->n　　　B. p->n++　　　C. (*p).n++　　　D. ++p->n

6. 用数组名作函数的参数，则以下说法正确的是（　　　）。

　　A. 形参数组和实参数组的类型可以不一致

　　B. 为单向值传递

C. 形参数组的大小必须和实参数组的大小相同

D. 实参数组和形参数组在存储空间上是完全重合的

7. 表达式 4<<2&3 的结果是（　　　）。

    A. 0　　　　　　　B. 4　　　　　　　C. 3　　　　　　　D. 2

8. 下列可以作为 C 语言用户标识符的是（　　　）。

    A. 123abc　　　　　B. Char　　　　　　C. int　　　　　　D. %d

9. 有定义：int a[10], *p=a;，则 p+5 表示（　　　）。

    A. 元素 a[5]的地址　　　　　　　　　B. 元素 a[5]的值

    C. 元素 a[6]的地址　　　　　　　　　D. 元素 a[6]的值

10. 以下表达式值为 3 的是（　　　）。

    A. 16−13%10　　B. 2+4/3　　　　　C. 0<1+2　　　　　D. (2+6)/(12−9)

二、输出结果（每题 5 分，共 35 分）

1. 下列程序输出结果为（　　　）。

```
#include<stdio.h>
void f(int x,int y)
{int t;
 if(x<y)
   {t=x;
    x=y;
    y=t;
   }
}
void main( )
{int a=4,b=3,c=5;
 f(a,b);
 f(a,c);
 f(b,c);
 printf("%d,%d,%d\n",a,b,c);
}
```

2. 下列程序输出结果为（　　　）。

```
#include <stdio.h>
void main( )
{int x=5,y=7;
 if(x=y)
   printf("%d",—y);
 else
   printf("%d",x—);
}
```

3. 下列程序输出结果为（　　　）。

```
#include <stdio.h>
void main( )
{int a=−1;
 printf("%d,%u",a,a);
}
```

4. 下列程序输出结果为（　　　）。

```
#include <stdio.h>
```

```
void main( )
{char c[10]="1a2b3c";
 char *p;
 p=c;
 while(*p)
   {printf("%c",*p);
    p+=2;
   }
}
```

5. 下列程序输出结果为（　　　）。

```
#include <stdio.h>
void main( )
{int x,y ;
 for(y=1;y<10;)
   y=((x=3*y,x+1),x-1);
 printf("x=%d,y=%d",x,y);
}
```

6. 下列程序输出结果为（　　　）。

```
#include<stdio.h>
#define LEN 4
void main( )
{int j,c;
 char n[2][LEN+1]={"8980","9198"};
 for(j=LEN-1;j>=0;j--)
   {c=n[0][j]+n[1][j]-2*'0';
    n[0][j]=c%10+'0';
   }
 for(j=0;j<=1;j++) puts(n[j]);
}
```

7. 下列程序输出结果为（　　　）。

```
#include <stdio.h>
void main( )
{int i,j,a=0;
 for(i=0;i<2;i++)
   {for(j=0;j<=4;j++)
      {if(j%2)break;
       a++;
      }
    a++;
   }
 printf("%d",a);
}
```

三、填空题（每空 2 分，共 20 分）

1. 程序的功能是：将指定文件 try.c（假设是已存在的一个 C 源程序文件）读入内存并在屏幕上查看其内容。

```
#include <stdio.h>
void main( )
{ 【1】 *fp;
 char ch;
 if((fp=fopen("d:\\code\\try.c","rt"))==NULL)
```

```
      {printf("Cannot open file, press any key to exit!");
       exit(0);
      }
    ch=fgetc(fp);
    while(!feof(fp))
      {putchar(ch);
       ch=【2】;
      }
    【3】;
    }
```

2. 程序的功能是：从键盘接收任意 10 个整数，用冒泡排序法升序排列后输出。

```
#include <stdio.h>
void main( )
{int a[10],i,j,x;
 for(i=0;i<10;i++)
   scanf(【4】,&a[i]);
 for(j=1;j<=9;j++)
   for(i=0;i<=9-j;i++)
   if(a[i]【5】a[i+1])
     {x=a[i];
      a[i]=a[i+1];
      a[i+1]=【6】;
      }
 for(i=0;i<10;i++)
   printf("%5d",a[i]);
}
```

3. 程序的功能是：计算输入的一行文字中字母、空格、数字以及其他字符的个数。

```
#include <stdio.h>
int letter=0,digit=0,space=0,other=0;
void count(char *p)
{for(;【7】!='\0';p++)
if(*p>='A'【8】*p<='Z'||*p>='a'&&*p<='z')letter++;
    else if(*p>='0'&&*p<='9')digit++;
        else if(*p=='⊔') space++;
            else other++;
}
void main( )
{char str[81];
 printf("please input the string:\n");
 gets(str);
 count(str);
printf("letter=%d,digit=%d\n",letter,digit);
printf("space=%d,other=%d\n",space,other);
}
```

4. 程序的功能是：用递归的方法计算 Fibonacci 数列第 n 项的值。

```
#include <stdio.h>
int fib(int g)
{switch(g)
   {case 1:
case 2:return 【9】;
```

```
}
 return(fib(g-1)+【10】);
}
void main( )
{int n;
int k;
scanf("%d",&n);
 k=fib(n);
 printf("fib(%d)=%d\n",n,k);
}
```

四、问答题（每问 3 分，共 12 分）

1. 程序如下：

```
#include <stdio.h>
void main( )
{float x,y;
scanf("%f",&x);
y=6;
if(x<3)y=4;
if(x<2)y=2;
if(x<1)y=0;
printf("%f\n",y);
}
```

问题 1：当输入为 1.5 时，输出是什么？

问题 2：y 与 x 的函数关系是什么？

2. 程序如下：

```
#include <stdio.h>
#include <string.h>
void fun(char str[ ]);
void main( )
{char str[100];
 gets(str);
 fun(str);
 printf("%s\n",str);
}
void fun(char *s)
{char w;
 char *p, *q;
 for(q=s; *q;q++);
 for(p=s;p<—q;p++)
   {w=*p;
*p=*q;
*q=w;
}
}
```

问题 3：函数 fun 的功能是什么？

问题 4：语句 for(q=s; *q;q++);执行什么操作？

五、改错题（每错 2 分，共 6 分）

（注：请在答题卡上写出正确的语句）

1. 程序功能是：求两个数的最大公约数。（用辗转相除法）

```
#include <stdio.h>
void main( )
{int a,b,r;
 scanf("%d,%d",a,b);  /*****Error*****/【1】
 r=a%b;
 while(r!=0)
   {a=b;
    b=r;
    r=a%b;
   }
 printf("%d",b);
}
```

2. 程序功能是：求 3 位的水仙花数。（各位数字立方和等于本身的数是水仙花数）

```
#include<stdio.h>
void main( )
{int i,a,b,c;
 for(i=100;i<=999;i++)
   {a=i/100;
    b=i/10%10;
    c=i/10;   /*****Error*****/【2】
    if(i=a*a*a+b*b*b+c*c*c)   /*****Error*****/【3】
 printf("%5d",i);
   }
}
```

六、编写程序（7 分）

编写程序计算 s=1×(−2)×3×(−4)×5×(−6)。（要求必须用 for 型循环来实现）

参考答案

一、基础知识（每题 2 分，共 20 分）

1. B   2. D   3. A   4. D   5. D

6. D   7. A   8. B   9. A   10. B

二、输出结果（每题 5 分，共 35 分）

1. 4,3,5

2. 6

3. −1,65535

4. 123

5. x=15,y=14

6. 7078

   9198

7. 4

三、填空题（每空 2 分，共 20 分）

【1】FILE   【2】fgetc(fp)

【3】fclose(fp)   【4】"%d"

【5】>   【6】x

【7】*p   【8】&&

【9】1   【10】fib(g−2)

四、问答题（每问 3 分，共 12 分）

问题 1：2.000000

问题 2：

$$y = \begin{cases} 6 & x \geqslant 3 \\ 4 & z \leqslant x < 3 \\ 2 & 1 \leqslant x < 2 \\ 0 & x < 1 \end{cases}$$

问题 3：将字符串中的字符按逆序存放

问题 4：使指针 q 指向字符串尾

五、改错题（每错 2 分，共 6 分）

1. scanf("%d,%d",a,b);　　　→　　scanf("%d,%d",&a,&b);

2. c=i/10;　　　　　　　→　　c=i%10;

3. if(i=a*a*a+b*b*b+c*c*c)　→　if(i==a*a*a+b*b*b+c*c*c)

六、编写程序（7 分）

```
#include <stdio.h>
void main( )
{int i,f,s;
 s=1;f=1;
 for(i=1;i<=6;i++)
  {s=s*f*i;
   f=-f;
}
 printf("s=%d",s);
}
```

4.4　考试样题四

一、基础知识（每题 2 分，共 20 分）

1. 将数学关系式 $x \geqslant y \geqslant z$ 表示成 C 语言的表达式为（　　）。

　　A. (x>=y)&&(y>=z)　　　　　B. (x>=y) AND (y>=z)

　　C. (x>=y>=z)　　　　　　　D. (x>=z)&(y>=z)

2. 若有 int x=5,y=3;，则执行语句 y*=x+5; 后 y 的值为（　　）。

　　A. 10　　　　　B. 20　　　　　C. 15　　　　D. 30

3. 不合法的标识符是（　　）。

　　A. hot_do　　　　B. cat1　　　　C. _pri　　　　D. 2ab

4. 若有 int a[10], *p=a;，则 p+5 表示（　　）。

　　A. 元素 a[5]的地址　　　　　　B. 元素 a[5]的值

　　C. 元素 a[6]的地址　　　　　　D. 元素 a[6]的值

5. 若有程序片段

```
struct sk
{int a;
 float b;
```

}data, *p=&data;

则对变量 data 中的 a 分量的正确引用是（　　　　）。

A．(*p).data.a   B．(*p).a

C．p–>data.a   D．p.data.a

6．若用数组名作函数调用时的实参，传递给形参的是（　　　　）。

A．数组的首地址   B．数组的第一个元素的值

C．数组全部元素的值   D．数组元素的个数

7．若有 int x;，则执行语句 x=(1,2,3,4);后，变量 x 的值是（　　　　）。

A．1   B．2   C．3   D．4

8．以下表达式的值是 3 的是（　　　　）。

A．16–13%10   B．2+3/2   C．14/3–2   D．(2+6)/(12–9)

9．判断字符型变量 c1 是否为小写字母的正确表达式为（　　　　）。

A．'a'<=c1<='z'   B．c1>=a&&c1<=z

C．'a'>=c1||'z'>=c1   D．c1>='a'&&c1<='z'

10．摄氏温度与华氏温度的关系是 $C=\dfrac{5}{9}(F-32)$。若有 float C,F;，根据华氏温度求摄氏温度的

正确表达式是（　　　　）。

A．C=5/9(F–32)   B．C=5* (F–32)/9

C．C=5/9* (F–32)   D．以上三个都正确

二、阅读程序，写出程序的运行结果（每题 4 分，共 28 分）

1．下列程序输出结果为（　　　　）。

```c
#include <stdio.h>
void main( )
{int i=20,j=10;
 printf("%d,%d\n",++i,j—);
}
```

2．下列程序输出结果为（　　　　）。

```c
#include <stdio.h>
void main( )
{int a,b,c,x;
 a=b=c=1;
 x=(++a||++b&&++c);
 printf("%d",b);
}
```

3．下列程序输出结果为（　　　　）。

```c
#include <stdio.h>
void main( )
{int x=100,a=10,b=20;
 int v1=5,v2=0;
 if(a<b)
   if(b!=15)
     if(!v1)
       x=1;
     else
       if(v2)x=10;
```

```
    x=-1;
    printf("%d",x);
}
```

4. 下列程序输出结果为（   ）。

```
#include <stdio.h>
void main( )
{int number;
 number=26445;
 do{
    printf("%d",number%10);
    number/=10;
    }while(number);
}
```

5. 下列程序输出结果为（   ）。

```
#include <stdio.h>
void invert(int *x,int *y)
{int temp;
 temp=*x;
 *x=*y;
 *y=temp;
}
void main( )
{int a=3,b=5;
 invert(&a,&b);
 printf("a=%d,b=%d",a,b);
}
```

6. 下列程序输出结果为（   ）。

```
#include <stdio.h>
void main( )
{int a[5]={1,3,5,7,9},i,x;
 x=a[0];
 for(i=0;i<4;i++)
   a[i]=a[i+1];
 a[4]=x;
 printf("%d",a[3]);
}
```

7. 下列程序输出结果为（   ）。

```
#include<stdio.h>
int f(int x)
{if(x==1)
   return 1;
 return f(x-1) *x;
}
void main( )
{int n=5;
 printf("%d",f(n));
}
```

三、程序填空题（每空 2 分，共 24 分）

1. 程序的功能是：求两个正整数的最大公约数。

```
#include <stdio.h>
```

```
void main( )
{int r,m,n;
 scanf("%d%d",&m,&n);
 r=m%n;
 while(r)
  {m=n;
   【1】=r;
   r=【2】;
   }
 printf("%d\n",【3】);
}
```

2. 程序的功能是：由键盘输入一个文件名，然后把从键盘输入的字符依次存放到该文件中，用#作为结束输入的标志。

```
#include <stdio.h>
void main( )
{【4】*fp;
 char ch,fname[10];
 printf("Input the name of file \n");
 gets(fname);
 if((fp=fopen(fname,【5】))==NULL)
   {printf("Cannot open the file!\n");
    exit(0); }
 printf("Enter data\n");
 while((ch=getchar( ))!='#')
   fputc(【6】,fp);
 fclose(fp);
}
```

3. 程序的功能是：用选择排序法从小到大输出一组数。

```
#include <stdio.h>
void main( )
{int a[5]={-3,-9,0,9,1},i,j,k,t;
 for(j=0;j<4;j++)
   {k=【7】;
    for(i=j+1;i<5;i++)
      if(a[i]<a[k])
        k=【8】;
    t=a[j];
    a[j]=a[k];
    a[k]=【9】;
    }
 for(i=0;i<5;i++)
   printf("%4d",a[i]);
}
```

4. 程序的功能是：求字符串的长度。

```
#include <stdio.h>
#include <string.h>
void main( )
{int n=【10】;
 char str[30], *p;
```

```
    gets(str);
    p=【11】;
    while(*p!=【12】)
      {p++;
       n++;
      }
    printf("strlen=%d\n",n);
}
```

四、问答题（每问 2 分，共 8 分）

程序如下：

```
#include <stdio.h>
void main( )
{int n,k,f=1;
 scanf("%d",&n);
for(k=2;k<=n/2;k++)
  if(n%k==0)
    f=0;
if(f) printf("yes");
else printf("no");
}
```

问题 1：程序的功能是什么？

问题 2：变量 f 的作用是什么？

程序如下：

```
int i;
for(i=1;i<10;i++)
  {printf("*");
  }
```

问题 3：将上述语句改写为功能相同的 while 语句。

问题 4：将上述语句改写为功能相同的 do-while 语句。

五、改错题（每错 2 分，共 12 分）

（注：请在答题卡上写出正确的语句）

1. 程序的功能是：逆置一维数组。若数组的值为 1，2，3，4，逆置后为：4，3，2，1。

```
#include <stdio.h>
void main( )
{int i,t,a[ ]={1,5,3,6,5,9};
 for(i=0;i<=5;i++)                /**** Found ****/【1】
{t=a[i];
 a[i]=a[5-i];
 a[5-i]=t;
}
 for(i=0;i<6;i++)
    printf("%3f",a[i]);          /**** Found ****/【2】
}
```

2. 程序的功能是：计算 Fibonacci 数列的前 20 项并且输出（每行 5 个）。

```
#include <stdio.h>
void main( )
{int i,f[20]={1,1};
```

```
    for(i=0;i<20;i++)                    /**** Found ****/【3】
      f[i]=f[i-2]+f[i-1];
    for(i=0;i<20;i++)
      {if(i%5=0)                         /**** Found ****/【4】
        printf("\n");
       printf("%12d",f[i]);
      }
    }
```

3. 程序的功能是：计算两数之和。

```
#include <stdio.h>
void main( )
{Int a,b;                               /**** Found ****/【5】
 scanf("%d",a);                          /**** Found ****/【6】
scanf("%d",&b);
a+=b;
 printf("a=%d",a);
}
```

六、编写程序（8分）

程序的功能是：从键盘接收一批以 0 结束的整数，统计正数及负数的个数。（要求必须用 while 循环实现）

参考答案

一、基础知识（每题 2 分，共 20 分）

1. A   2. D   3. D   4. A   5. B   6. A   7. D   8. B   9. D   10. B

二、阅读程序，写出程序的运行结果（每题 4 分，共 28 分）

1. 21,10

2. 1

3. −1

4. 54462

5. a=5,b=3

6. 9

7. 120

三、程序填空题（每空 2 分，共 24 分）

【1】n   【2】m%n

【3】n   【4】FILE

【5】"w"（无引号或单引号扣 1 分）   【6】ch

【7】j   【8】i

【9】t   【10】0

【11】str   【12】'\0'

四、问答题（每问 2 分，共 8 分）

问题 1：判断一个数是否是素数

问题 2：标志是否是素数，f=1 是素数；f=0 不是素数

问题 3：int i=1;

　　　　while(i<10)

```
            {printf("*");
              i++;
            }
```

问题 4：int i=1;
   do
    {printf("*");
     i++;
    }while(i<10);

五、改错题（每错 2 分，共 12 分）

【1】for(i=0;i<=5;i++)　　→for(i=0;i<=2;i++)

【2】printf("%3f",a[i]);　　→printf("%3d",a[i]);

【3】for(i=0;i<20;i++)　　→for(i=2;i<20;i++)

【4】if(i%5=0)　　　　　→if(i%5==0)

【5】Int a,b;　　　　　　→int a,b;

【6】scanf("%d",a);　　　→scanf("%d",&a);

六、编写程序（8 分）

```c
#include <stdio.h>
void main( )
{
 int x,i,j;
 i=j=0;
 scanf("%d",&x);
 while (x)
 {if(x>0) i++;
  else j++;
  scanf("%d",&x);
 }
 printf("i=%d,j=%d",i,j);
}
```

4.5　考试样题五

一、基础知识（每题 2 分，共 20 分）

1. 设有定义：float x, y, n;，与代数式 $\dfrac{x+y}{2}n$ 计算结果不相符的表达式是（　　）。

  A．(x+y)*n/2　　　　　　　　　B．(1/2)*(x+y)*n

  C．(x+y)*n*1/2　　　　　　　　D．n/2*(x+y)

2. 设有定义：int x, y, t;，则执行语句 x=y=5; t=++x||++y; 后，y 的值为（　　）。

  A．0　　　　　　　B．5　　　　　　　C．6　　　　　　　D．1

3. 设有定义：char *st="how are you";，则下列程序段中不正确的是（　　）。

  A．char a[11], *p; strcpy(p=a+1,&st[4]);

  B．char a[11]; strcpy(++a, st);

C. char a[11]; strcpy(a, st);

D. char a[11], *p; strcpy(p=&a[1],st+2);

4. 变量 a 所占内存字节数是（　　　）。

```
struct m
{int c;
 float b,d;
}a;
```

A. 4 　　　　　 B. 10 　　　　　 C. 6 　　　　　 D. 8

5. 设有定义：int i=0;，则循环 while (i=0) i++; 的执行次数是（　　　）次。

A. 0 　　　　　 B. 1 　　　　　 C. 65535 　　　　　 D. 无数

6. 与 if(e) 等价的是（　　　）。

A. if(e==0) 　　　　 B. if(e!=0) 　　　　 C. if(e==1) 　　　　 D. if(e!=1)

7. 设有定义 int x=5,y=4,z; z=(x++>++y)? x: y;，则 z 的值是（　　　）。

A. 4 　　　　　 B. 5 　　　　　 C. 6 　　　　　 D. 0

8. 若 fp 指向的文件已读到末尾，则 feof(fp)的返回值是（　　　）。

A. EOF 　　　　 B. –1 　　　　 C. 非零值 　　　　 D. NULL

9. 以下叙述不正确的是（　　　）。

A. 分号是 C 语句的必要组成部分

B. C 程序的注释可以写在语句的后面

C. 函数是 C 程序的基本单位

D. 主函数的名字不一定用 main 表示

10. 以下错误的描述是（　　　）。

A. 函数调用可以出现在执行语句中

B. 函数调用可以出现在一个表达式中

C. 函数调用可以作为一个函数的实参

D. 函数调用可以作为一个函数的形参

二、阅读程序，写出程序的运行结果（每题 4 分，共 28 分）

1. 下列程序输出结果为（　　　）。

```
#include<stdio.h>
void main( )
{int a,b,d=241;
 a=d/100%9;
 b=(-1)&&( -1);
 printf("%d,%d",a,b);
}
```

2. 下列程序输出结果为（　　　）。

```
#include<stdio.h>
void main( )
{printf("%d",'1'==1);
}
```

3. 下列程序输出结果为（　　　）。

```
#include<stdio.h>
int f( )
```

```
{static int i=0;
 int s=1;
 s+=i;
 i++;
 return s;
}
void main( )
{int i,a=0;
 for(i=0;i<5;i++)
   a+=f( );
 printf("%d",a);
}
```

4. 下列程序输出结果为（　　　）。

```
#include <stdio.h>
void main( )
{char c, a[20]="abbcdcdeae";
 int n=0,i,j,k;
 for(i=0;a[i]!='\0';i++)
   {c=a[i];
    for(j=i+1;a[j]!='\0';j++)
      if(a[j]==c)
        {for(k=j+1;a[k]!='\0';k++)
          a[k-1]=a[k];
         a[k-1]='\0';
        }
   }
 printf("%s",a);
}
```

5. 下列程序输出结果为（　　　）。

```
#include <stdio.h>
void main( )
{struct student
    {int num;
     int score;
    }stu[4]={10001,80,10002,100,10003,70,10004,50};
int i,k,x;
x=stu[0].score;
k=0;
for(i=1;i<4;i++)
    if(x<stu[i].score) k=i;
 printf("%d",stu[k].num);
}
```

6. 下列程序输出结果为（　　　）。

```
#include<stdio.h>
void ss(int *s, int n)
{int *p;
 p=s;
 while(p-s<n)
   {if(*p-*s<n)
       *p=*p+n;
     p++;
   }
```

```
}
void main( )
{int a[100]={1,2,1,44, -5,5321,777,8,29,-10},n=10;
 ss(a, n);
 printf("%d",a[4]);
}
```

7. 下列程序输出结果为（   ）。

（设当前文件夹下文件 file.txt 的内容为 123456#）

```
#include<stdio.h>
void main( )
{FILE *fp;
 int n=0;
 char ch;
 fp=fopen("file.txt","r");
 while((ch=fgetc(fp))!='#')
   if(++n%2)putchar(ch);
 fclose(fp);
}
```

三、程序填空题（每空 2 分，共 24 分）

1. 程序的功能是：判断素数。

```
#include <stdio.h>
void main( )
{int x,i;
 scanf("%d",【1】);
 for(i=2;i<x;i++)
    if(【2】)break;
 if(【3】)printf("Not.");
 else printf("Yes.");
}
```

2. 程序的功能是：输出 100 以内能被 3 整除且个位数为 6 的所有整数。

```
#include "stdio.h"
void main( )
{int i,j;
 for(i=0;【4】;i++)
   {j=i*10+6;
    if(【5】)continue;
    printf("【6】",j);
   }
}
```

3. 程序的功能是：用"冒泡"法对数组 a 进行由大到小的排序。

```
#include "stdio.h"
【7】 fun(int a[], int n)
{int i,j,t;
 for (j=0;j<n-1;j++)
   for (i=0;i<n-1-j;i++)
     if(【8】)
       {t=a[i];
        a[i]=a[i+1];
```

```
            a[i+1]=t;
         }
   }
void main( )
{int i,a[10]={3,7,5,1,2,8,6,4,10,9};
  【9】;
 for(i=0;i<10;i++)
   printf("%3d",a[i]);
}
```

4. 程序的功能是：用"递归"方法计算两个数的最大公约数。

```
#include <stdio.h>
int 【10】(int a,int b);
void main( )
{int a,b;
 scanf("%d%d",&a,&b);
 printf("%d\n",【11】);
}
int gac(int a,int b)
{int c;
 c=a%b;
 if(c==0)
   【12】;
 else
   return gac(b,c);
}
```

四、问答题（每问 2 分，共 8 分）

1. 程序如下：

```
#include <stdio.h>
void main( )
{
 int n,i=0;
 char c[20];
 scanf("%d",&n);
 while(n)
    {c[i++]=n%2+'0';
     n/=2;}
 i—;
 while(i>=0)
   putchar(c[i—]);
}
```

问题 1：表达式 n%2+'0' 的作用是什么？

问题 2：程序的功能是什么？

2. 程序如下：

```
#include<stdio.h>
void main( )
{float s;
 int n;
 printf("input score: ");
 scanf("%f",&s);
 while(s>100||s<0)
```

```
    {printf("\nerror, input score. ");
     scanf("%f",&s);
    }
  n=(s<60)?69:68;
  if(s>=70)   n=67;
  if(s>=80)   n=66;
  if(s>=90)   n=65;
  printf("%c\n",n);
}
```

问题 3：若输入为 85 时，输出是什么？

问题 4：程序的功能是什么？

五、改错题（每错 2 分，共 12 分）

（注：请在答题卡上写出正确的语句）

1. 程序的功能是：打印所有小于 100 的可以被 11 整除的自然数。

```
#include <stdio.h>
void main( )
{int i;
 for(i=1;i<100;i++);                  /**** Found ****/【1】
   if(i%11=0)                         /**** Found ****/【2】
     printf("%5c",i);                 /**** Found ****/【3】
}
```

2. 程序的功能是：输出所有三位的 Armstrong 数，即其值等于本身每位数字立方和的数。如 153 就是一个 Armstrong 数，$153=1^3+5^3+3^3$

```
#include <stdio.h>
void main( )
{int i,d1,d2,d3;
for(i=100;i<=9999;i++)                /**** Found ****/【4】
  {d1=i/100;
   d2=i%10/10;                        /**** Found ****/【5】
   d3=i%10;
   if(i==d1^3+d2^3+d3^3)              /**** Found ****/【6】
     printf("\n%d",i);
  }
}
```

六、编写程序（8 分）

程序的功能是：从键盘输入 200 个整型数据。统计并输出所有正数的平均值。（要求必须用 for 循环实现）

参考答案

一、基础知识（每题 2 分，共 20 分）

1. B   2. B   3. B   4. B   5. A   6. B   7. B   8. C   9. D   10. D

二、阅读程序，写出程序的运行结果（每题 4 分，共 28 分）

1. 2,1   2. 0

3. 15   4. abcde

5. 10002   6. 5

7. 135

三、程序填空题（每空 2 分，共 24 分）

【1】&x 【2】x%i==0

【3】i<x 【4】i<=9

【5】j%3!=0 【6】%d

【7】void 【8】a[i]<a[i+1]

【9】fun(a,10) 【10】gac

【11】gac(a,b) 【12】return b

四、问答题（每问 2 分，共 8 分）

问题 1：将 n 除 2 的余数转换成相应的数字字符

问题 2：将十进制数转换成二进制数

问题 3：B

问题 4：将百分制成绩转化成等级制成绩。90~100 分为'A'，80~89 分为'B'，70~79 分为'C'，60~69 分为'D'，60 分以下为'E'。

五、改错题（每错 2 分，共 12 分）

【1】for(i=1;i<100;i++)

【2】if(i%11==0)

【3】prinf("%5d",i);

【4】for(i=100;i<=999;i++)

【5】d2=i/10%10;

【6】if(i==d1*d1*d1+d2*d2*d2+d3*d3*d3)

六、编写程序（8 分）

```
#include <stdio.h>
void main( )
{
 int i,num,n=0;
 float sum=0,ave;
 for(i=0; i<200; i++)
   {printf("num=");
    scanf("%d",&num);
    if(num>0)
      {sum=sum+num;
       n++;
      }
   }
 ave=sum/n;
 printf("%f",ave);
}
```